Ostrov Rudolfa
Ensomheden
Bjørnøya
North Sentinel
Annobón
Diego García
Agalega
Christmas Island
South Keeling Islands
Saint Helena
Tromelin
Île Amsterdam
Île Saint-Paul
Île de la Possession
Bouvetøya

머나먼

섬들의 지도

일러두기

• 이 책에 실린 섬 지도의 축척은 모두 1:125000 이다.
• 지명의 표기는 국립국어원의 외래어 표기법을 따랐다.
• 섬의 이름은 현재 영유하고 있는 국가의 명칭을 따랐으나, 일부 예외도 있다.

—

머나먼 섬들의 지도

Atlas of Remote Islands

유디트 샬란스키 지음
권상희 옮김

간 적 없고,
앞으로도 가지 않을
55개의 섬들

눌와

차례

태평양

남극해

이솔라리오.
돌연변이 쥐,
조용한 카나리아,
기이한 섬.

2009년 여름, 나의 책 《머나먼 섬들의 지도》의 인쇄를 직접 보고 적어도 이 초판의 작업은 끝났다고 확신한 지 두 주가 지났을 때였다. 도서관에서 기대감을 갖게 하는 '이솔라리오(Isolario)'라는 표제의 책 한 권에 눈이 갔다. 그 책을 손에 든 나는 놀랍게도 스스로 막 만들어낸 줄 알았던 장르가 이미 오래전부터 있었다는 걸 깨달았다. 이른바 '이솔라리(Isolarii)'라 불린 이 휴대용 섬 백과사전은 15세기와 16세기에 당대 해상무역과 초기 인쇄술의 중심지였던 베네치아 공화국에서 각별히 사랑받았다. 이 책들은 섬의 위치, 크기, 모래톱과 상륙 가능한 지점에 대한 정보를 포함해 가까운 섬과 머나먼 섬, 친숙한 섬과 새로 발견된 섬, 전설의 섬과 신기한 섬들을 지도와 해안 풍경뿐만 아니라 사료와 문학을 통해 묘사하고 있었다.

나는 거의 잊혔던, 그러나 눈부시게 훌륭한 한 장르를 나도 모르게 부활시킨 셈이었다. 기행문과 세계지도의 희미한 경계에서 그 기원을 찾을 수 있는 이 장르는 세계를 탐험하며 계속해서 펼쳐지는 해안선과 경험을 공유하게 해준다. 내가 읽은 것은 이후 출간된 모든 '이솔라리'의 모범으로 꼽히는 책이었다. 1420년에 로도스와 콘스탄티노플에서 발행된 《리베르 인술라룸 아르키펠라기(Liber Insularum Archipelagi)》는 인술라리움 일루스트라툼(Insularium Illustratum)으로도 알려져 있는데 이오니아해와 에게해에 위치한 79개의 섬, 군도, 몇몇 해안마을들을 자의적으로 정리한 백과사전식 지도이다. 지리적, 항해사적, 역사적 세계지식을 엮어 만든 이 책은 실용적 욕구뿐 아니라 사색적, 오락적 욕구도 충족시킨다. 저자인 피렌체의 수도사 크리스토포로 부온델몬티(Cristoforo Buondelmonti)는 그리스 해역을 직접 다녀온 덕분에 책에 나오는 곳들을 잘 알고 있었는

데, 오르시니(Orsini) 추기경에 바치는 헌사에 다음과 같이 썼다. "지쳤을 때 즐겁게 상상의 나래를 펼칠 수 있도록 이 책을 당신께 보내드립니다." 이는 '탁상 여행'을 권하는 것으로 이해할 수 있다.

유럽이 세계로 확장해 나가던 시대 초반에 탄생한 이 '이솔라리'는 항해 안내서로 여겨져 배에 반입되기도 했다. 하지만 어느 한 선장이 내 책에 대해 편집자에게 편지를 보내 비판적으로 지적한 것과 마찬가지로 항해에 전혀 적합하지 않은 것으로 판명되었다. 내 책은 여러 나라에서 출간되었고, 이후 몇 년간 세계 곳곳에서 추가로 더 편지들이 날아들었다. 나는 극지탐험기지에서 캘리그라피로 꾸며 보낸 봉투 하나를 받은 적이 있다. 거기에는 참고문헌에 대한 요청과 함께, 수많은 수정과 개정판에 대한 제안이 들어 있었다. 그러나 허드맥도널드제도나 케르겔렌제도가 그랬던 것처럼, 얀마옌섬은 안타깝게도 책에서 선택한 축척에 비해 너무 커서 이번 개정판에서도 그 부탁을 들어줄 수 없었다. 세계 각지를 돌아다니는 사람들을 통해 나는 내 책에 나오는 섬을 가능한 한 많이 직접 찾아가겠다는 목표를 세운 사람들이 있다는 사실을 알게 되었다. 물론 놀랍지 않게 모두 남자들이었다.

확실한 것은, 내 책이 의심할 여지없이 세계 곳곳으로 퍼져나갔다는 것이다. 내가 원했고, 또 가능하다고 생각했던 것보다 훨씬 더 멀리 말이다. 또 내 지도책은 비슷한 종류의 책 프로젝트에도 영감을 주는 것 같았다. 여하튼 얼마 후 전설적이고 비밀스런 장소, 사라진 낙원이나 몰락한 도시들, 환상 속의 섬들이나 특이한 국경선을 지도와 서사를 교차해 실은 시적인 지도책들이 등장했다. 초기 근대 '이솔라리'는 광적인 탐험 시대의 시작을 알렸고, 알려지지 않은 곳들에 갈 수 있는 방법은 항해

뿐이라 약속하며 이미 알려진 세계를 바다를 건너 닿을 수 있는 이국적인 섬나라들로 나누었다. 한편 발전의 끝자락에 있는 오늘날, 시적인 지도책은 미지와 신비, 경이에 대한 수요를 충족시켜준다. 모조리 다 측정되고 또 복잡한 착취 관계를 통해 서로 연결되어 있는 세계에서 말이다. 심해와 극지방의 지형도 알 수 있게 된 지금, 인간의 손아귀는 이젠 외계의 천체들, 이웃 행성들의 불모지까지 닿아 새로운 무인지대를 만들고 있다. 이는 과거 해외에서 찾아낸 지역을 식민지화했던 것과 마찬가지로 그 땅에 대한 영토 주장으로 이어질 것이다. 마치 철두철미한 공상가인 것처럼 역사를 잊은 일부 사람들은 일종의 반복적인 강박에 사로잡혀 있는 것 같다. 그런 강박 속에서 먼 세계로의 탐험에 대한 열망은 금기나 '이 너머에는 아무것도 없다(non plus ultra)'라는 말이 아니라, 기술적 한계에만 제약을 받는다. 비록 이 학문적인 탐험이 언제나 소수의 경제적 이득으로 이어진다 하더라도, 탐험 자체는 여전히 대중에 대한 숭고한 봉사로 여겨진다.

인간이 사는 세상의 대부분이 오로지 집이라는 섬으로 바뀐 비자발적 고립의 시기에 내가 또다시 《머나먼 섬들의 지도》에 몰두하고 싶게 된 것도 당연하다. 고립을 뜻하는 단어 'Isolation'은 라틴어로 섬을 뜻하는 'Isola'에서 유래하였고 뜻도 '섬이 되다'이다. 나는 다섯 개의 섬을 더 찾아냈다. 이 섬들은 지리적으로 멀리 떨어진 외진 곳에 있지만 야생과 경작, 단절과 연결, 이상과 현실의 사이에 있는, 섬들의 혼종성의 핵심으로 인도한다.

또 내 지도책에 실린 주민 수 등의 내용을 최신 정보로 업데이트하고, 항해자들이 섬을 발견한 당시 그곳에 사람이 살고 있었는지 여부를 확인하기 위해 연대표에 기록된 각 섬의 발견에 대한 공식적인 정보를 살펴보는 기회도 가졌다. 사람이 살고 있었으면 나는 '발견하다'란 단어를 '찾아내다'로 바꾸었는데, 이 간결한 동사가 딱하게도 발견이라고 잘못 추정했던 것을 상쇄한다.

세상에 숨겨진 마지막 구석을 찾아내려는 충동이 얼마나 심각한 결과를 초래할 수 있는지는 남대서양에 위치한 → 고프섬 (62) 의 쥐떼에서 살펴볼 수 있다. 이곳의 쥐들은 천적이 없는 곳에서 몸집이 거대하게 변하고, 그 수도 어마어마하게 불어났다. 19세기 초 고래와 바다표범 포획꾼들이 의도치 않게 들여온, 사회성이 뛰어난 설치류들은 적응력, 빠른 세대교체 주기, 돌연변이 발현 덕분에 점점 더 현지 환경에 맞게 진화했다. 반면 불운한 친척들은 지속적인 근친교배의 결과 유전적으로 동질성 있는 실험쥐(*Mus laboratorius*)라는 아종의 조상이 되었다. 그 쥐들이 눈부신 조명 아래 생체실험을 위한 인공적 환경에 만족하는 사이, 고프섬의 쥐들은 오랜 기간에 걸쳐 남몰래 섬 특유의 취약한 생태계를 교란시켰고 이는 수십 년 전에 눈에 띄지 않게 남대서양의 섬에 들어온 초록개미자리(*Sagina procumbens*)보다 훨씬 더 강력했다. 온갖 틈새에 뿌리 내리고 자라는 이 이끼 모양의 여러해살이풀은 영역을 최대한 확장하려는 점에 있어서 인간 그리고 쥐와 비길 만하다. 그러나 내가 이 글을 쓰고 있는 동안 침입자 쥐들은 내출혈로 고통스럽게 죽어나가고 있다. 과거 → 매쿼리섬 (94) 의 토끼에게 했던 것과 마찬가지로, 독극물을 이용해 더 효과적으로, 비싸게, 위험하게 동물들을 대량으로 죽인다. 이는 이미 일어난 일을 되돌리려는 시도이고, 생물다양성을 추구하려는 노력이지만 자연적이라고 할 수도 없고 도덕적이라 할 수도 없다. 관련 자연보호기관이 박멸계획을 공포하자 이에 맞서 동물보호론자들이 인간은 이 일에 개입해서는 안 된다고 했는데, 이는 지구 육지의 절반에 철조망을 쳐 인간은 돈을 내고 관광객으로서 들어가거나 불법으로 침입해야 하는 국립공원으로 만들자는 한 최근의 계획만큼이나 비현실적으로 보인다.

실상은 이렇다. 오늘날 그 여정이 얼마나 멀든 상관없이 인간은 항상 자기 종족의 흔적과 마주하게 마련이다. 주인 없는 미지의 땅은 무엇에도 방해받지 않는 새로운 시작 또는 대안적인 사회 형태라는, 섬과 관련한 악명 높고 유명한 꿈에 필수적이었는데, 이로 인해 영원히 사라지고 말았다. → 비에른섬 (38) 앞에서는 석유 시추 작업이 진행되고, → 미드웨이환초 (142) 해변에 널린 플라스틱제품은 알바트로스의 위와 내장을 막아버린다. → 바나바 (110) 는 식민지가 되기 이전에는 독립적이고 비옥한 섬나라였다. 하지만 오스트레일리아와 뉴질랜드의 식량 생산을 위해 여러 세대에 걸쳐 구아노를 채굴한 결과, 인산염 광산이 폐쇄된 지 수십 년이 지났지만 지금도 석면으로 오염된 폐허와 구덩이만이 남아 있다. 이는 강제로 추방당했다가 고향에 돌아온 소수의 바나바 사람들조차 생계를 이어가기 어렵게 한다. 외딴 섬은 무절제한 착취나 군사적 이용으로 황폐화될 가능성이 크지만, 반대로 엄격히 통제된 보호 아래 놓일 수도 있다. → 미드웨이환초 (142) 의 역사는 그중 하나가 다른 하나를 배제하지 않는다는 것을 여실히 보여준다. 미국 공군의 관리하에 자연보호구역으로 지정된 미드웨이환초는 하늘에서 내려다보면 항공모함과 닮아 있다.

위성사진은 세상으로부터 숨겨져 있어야 하던 곳들을 노출시켰다. 예를 들어, 옛 노예 식민지인 인도양의 모리셔스제도의 → 아갈레가 (82)

에서 특허를 받은 회사와 그 소유자들은 번갈아가면서 섬의 울창한 코코넛나무 숲을 놀랄 정도로 거침없이 파괴했다. 의무적인 환경 심사 평가를 거치지 않고 빠른 속도로 거대한 활주로와 새로운 항만시설이 건설되었는데, 이 산호섬에 세워진 시설들은 이곳이 미래에 군사기지로 사용될 거라는 걸 암시한다. 아갈레가의 주민들은 대부분 모잠비크와 마다가스카르에서 추방당한 사람들의 후손인데, 이들은 → 디에고가르시아 (72) 에서 쫓겨나 오늘날까지 귀환과 보상을 요구하는 차고스인들과 같은 운명에 놓일 수 있다. 군사기지가 자리한 섬들은 모래톱조차 전략적으로 배치되어 그야말로 요새로 바뀌어가는데, 어쩌면 확실한 용도 아래 작전의 목적은 물론 부대원들의 정확한 수도 비밀로 남아 있단 점에서 모든 외부 세계와 가장 단절된 곳일지도 모르겠다. 그곳들은 독자적인 법칙이 적용되는 영역이다. 또한 모든 생명, 특히 인간이 아닌 것들은 전쟁의 논리 아래 놓여 있다. 화산 폭발 이후 인간은 → 파간 (134) 을 떠났지만 다양한 희귀 생물종들이 살아가고 있다. 이 섬을 폭격과 상륙작전을 위한 훈련장으로 써서 지형조차 알아볼 수 없을 정도로 황폐화시키려는 미군의 계획과, 재정착 프로그램을 통해 원주민인 차모로인들이 그들 선조의 땅을 다시 가꿀 수 있게 하려는 계획 중 어느 쪽이 채택될지 예측하는 데는 상상력이 필요치 않다.

환경을 지속가능하게 이용하는 방법을 알고 있는 인간 공동체가 여전히 있음을 잊기 쉽다. → 노스센티널 (80) 에 은거하고 있는 안다만 부족민은 수만 년 전에 최초로 아프리카로부터 퍼져나간 인간의 직계 후손으로 알려져 있는데, 지금도 사냥하고 채집하며 살아간다. 그들은 침입자를 발견하면 쏘려고 섬 앞에 표류한 선박 잔해에서 나온 금속으로 날카로운 화살촉을 만들기도 한다. 60년대 말에서 90년대 중반에 이르기까지 인도 정부는 그들과 주기적으로 접촉을 시도하면서 코코넛이나 조리기구 같은 선물을 비롯하여 돼지, 인형 혹은 장난감 자동차를 해안가에 두었다. 이러한 작전은 1991년에 비디오카메라로 기록된 우호적인 만남 때 절정을 이루었으며, 이에 대해 이견을 가진 사람은 아무도 없었다. 흔들리는 카메라 화면 속에 웃고 있는 사람들, 근육질 몸매의 사람들, 자신감에 가득 찬 사람들이 보인다. 그들의 언어는 해석되지 않았지만, 그들은 관광객들이 섬에 들어오는 걸 허용하지 않을 거라는 걸 확실히 하며 우리에게 상호동의는 강제로 할 수 없는 것임을 상기시킨다.

2004년 말, 해저에서 강력한 지진이 일어나 노스센티널이 수 미터 솟아오르고 연안의 안전한 어장이 파괴되었다. 며칠 후 생존자를 찾으려고 헬리콥터 한 대가 섬 상공을 비행하던 중 시간을 무시한 듯한 상징적인 사진 한 장을 찍었다. 사진에는 밝은 색 거친 암초 앞에서 카메라 렌즈를 향해 바로 활을 겨누고 있는 한 남자의 검은 실루엣이 찍혀 있다. 이른바 '고귀한 야만인'들은 여전히 존재하고 있었고, 그들이 자연재해 이후에도 무기로 자신들의 고립을 고집한 건 그들이 이미 우리의 타락을 잘 알고 있다는 의미였다. 이 같은 해석은 타당할 수도 경솔할 수도 있다. 이는 노스센티널의 사람들, 자연에 대한 우리의 사랑 그리고 더럽혀지지 않은 자신을 이상화하여 기술 발전으로 인한 타락으로부터 구원을 얻고자 하는 바람과 죄책감이 얽혀 있기 때문이다.

반면 젊은 미국인 존 앨런 차우는 그들 스스로의 구원을 위해서라도 하루빨리 개종되어야 할 그 섬사람들을 통해 구원받고자 했다. 그의 목숨을 건 노스센티널 방문은 길들여지기만을 바라는 마지막 야생이라는,

낡고 식민주의적이지만 여전히 매력적인 신화를 좇는 것이었다. 이 이야기에서는 영혼은 거두어야 하는 자원이다. 그리고 누군가의 자발적인 죽음 또한 이미 완결된 것으로 여겼던 '선교사와 탐험가'라는 문학에 또 한 명의 첨병이 되어 마지막 장을 하나 더 추가하는 의미 있는 행동이 된다. 역사는 원주민들에 대한 이러한 접근이 맞을 결말은 수없이 반복되었다시피 오직 하나뿐임을 알려준다. 바로 외부에서 들어온 문화와 전염병으로 인한 고유한 문화의 상실과 질병, 그리고 죽음이다. (→이스터섬 (116)). 노스센티널의 주민들이 자신들의 생활방식을 고수할 수 있는 것은 무엇보다 섬이라는 지리적 환경 덕분이다. 아이러니하게도, 수백 킬로미터 상공에서 주기적으로 노스센티널을 관찰하는 인공위성의 이름은 센티널›파수꾼‹이다. 이 위성의 고해상도 사진 덕분에 섬의 지도를 제작할 수 있었다. 하지만 다행히도 정확한 주민 수와 마찬가지로 섬의 산, 숲 등의 지명은 앞으로도 오랫동안 알려지지 않을 것 같다.

내 책을 다시 살펴보면서 생각한 바로는, 그 관리 방식에서 역사적인 맥락을 간결하게 짚어낼 수 있는 외딴 섬들로 세계사를 쉽게 설명할 수 있다. 예를 들면, 오스트레일리아가 자기네 나라에 이주하기를 원하는 사람들을 가두려 → 크리스마스섬 (76)에 수용소를 설치한 것은 원주민의 토지권을 무시한 거대한 죄수 유배지가 기원인 나라로서는 불가피해 보인다.

지구 온난화라는 복잡한 과정의 결과는 해수면으로부터 불과 몇 미터 위에 있는 → 타쿠 (138), → 아갈레가 (82), → 누쿨라엘라에 (140)와 같은 저지대 환초를 바탕으로 하나하나 명백하게 설명된다. 투발루(→누쿨라엘라에 (140))는 위기에 처한 섬나라의 상징이 되고, 자주 인용되는

'탄광의 카나리아'가 되었다. 새장 속 지저귀는 새는 갑자기 조용해져 광부들에게 유독가스의 방출을 경고했다. 이 새들의 고향이 카나리아제도, 즉 섬이고, Bösen Wettern(독일어로 나쁜 가스라는 뜻이지만, 나쁜 기후로도 해석될 수 있다)이라고 불리는 일산화탄소가 갱도에 누출되어 생명에 직접적인 위협이 될 걸 경고하는 점을 고려하면 이 비유는 이상할 만큼 잘 어울리는 듯하다. 침식되어 가는 환초의 해안이 화석 연료의 사용으로 초래되는 대기 중 탄소량 증가를 간접적으로 경고하는 데 비해서 말이다. 그러나 이러한 비유도 섬들을 그 자체로 보존할 가치가 있는 실제 장소로 보지 않고 다가오는 재앙의 전형적인 사례로만 본다. 그 가치는 대륙에 주는 이익에 근거해서만 재단된다. 종말론적 과장에 의하여 단순하고 이상적인 지상낙원, 즉 추상적인 개념으로서의 섬이 다시 한번 소환된다. 그 지상낙원의 몰락은 타락하고 부유한 산업 중심지의 탓이다. 가라앉는 섬이라는 극적 시나리오는 국제법에 영토가 사라지는 나라와 국민을 어떻게 다룰지에 대해 전례 없는 질문을 던진다.

하지만 20년 전부터 학자들이 발표한 것과 달리 → 타쿠 (138)는 가라앉지 않았다. 최근 내가 확인한 바에 의하면 심지어 이 환초에 사무실과 창고, 외래진료소와 출산병동이 딸린 지역 구호소가 다시 설치되었다. 분명 이번이 내가 나의 이솔라리오를 마지막으로 다시 쓰는 건 아닐 것이다. 현실은 예언 위에 덧쓰이므로.

2021년 5월, 베를린

낙원은 섬이다.
지옥 또한 그렇다.

나는 지도책과 함께 자랐다. 하지만 내가 사는 나라를 떠나본 적은 단 한 번도 없었다. 지도책을 끼고 살았는데도. 그래서 같은 반 한 여자아이의 어린이증에 출생지가 헬싱키라고 기재되어 있는 걸 도저히 믿을 수가 없었다. H-e-l-s-i-n-k-i. 이 여덟 글자는 그때부터 내게 다른 세계를 여는 열쇠가 되어버렸고, 지금도 여전히 그 역할을 하고 있다. 그래서 나는 나이로비나 로스앤젤레스에서 태어났다는 독일 사람들을 대할 때면 놀라움을 감추지 못한다. 그리고 으레 그들을 허풍쟁이로 치부해버린다. 한 술 더 떠서 자기가 아틀란티스, 툴레(Thule, 고대 그리스 전설 속 북방의 섬) 혹은 엘도라도에서 왔다고 주장할지도 모르니까. 물론 나이로비와 로스앤젤레스가 실제로 존재하는 도시라는 건 알고 있다. 이 도시들은 지도에 표기되어 있기 때문에. 그러나 그런 곳에서 그들이 실제로 살았다는 게, 그리고 태어났다는 게 여전히 놀랍기만 하다.

내가 지도책을 좋아한 건 어쩌면 거기 담긴 선, 색, 지명이 내가 갈 수 없는 실제의 장소들을 대신했기 때문인지도 모른다. 여덟 살 때, 나는 갈라파고스제도에 대한 다큐멘터리를 보았다. 나는 작은 머리에 삐죽삐죽 볏이 나 있는 거대한 이구아나들에 매혹되었다. 지금도 그 숨가쁜 코멘트가 기억난다. "매일매일 이 동물들은 바위 위에 꼼짝 않고 서서 햇볕을 쬡니다. 수백만 년 전에도 마찬가지였을 겁니다." 내 반응은 즉각적이었다. 자연학자가 되어 이 섬들로 여행을 떠나고 싶어진 것이다. 나는 지도책을 책장에서 꺼내, 텔레비전에서 본 연구자들이 알을 품은 새들에게 다가갈 때 그랬던 것처럼 조심스럽게 세계지도를 펼쳤다. 갈라파고스를 찾는 것은 쉬웠다. 이 섬들은 연푸른색 대양에 찍힌 작은 점들의 모임이었다. "지금 바로 여기에 가고 싶어요." 내 이야기에 엄마가 슬픈 듯 답했다. "언젠가는 갈 수 있을 거야."

나는 굴하지 않고 검지로 대서양을 종단해 남극권 앞에서 방향을 틀었고, 티에라델푸에고(Tierra del Fuego, 남아메리카 남쪽 끝에 있는 제도)에서 북쪽으로 향했다. "파나마 운하를 지나렴. 그 편이 더 빠르니까." 엄마가 남아메리카와 북아메리카를 나누는 선을 짚으며 말했다. 그렇게 나는 첫 세계 일주를 떠났다.

이 지도는 여러 색으로 칠해져 있었다. 소련은 발그레한 분홍색이었다. 미국은 바다처럼 밝고 짙은 푸른색이었다. 그리고 나는 우리나라, 독일민주공화국(동독)을 보았다. 우리나라 사람들은 다른 나라로 여행을 할 수 없었다. 오로지 올림픽 선수단만이 국경을 넘을 수 있었다. 우리나라를 지도에서 찾는 데는 놀랄 정도로 오랜 시간이 걸렸다. 우리나라는 핑크색이었고, 내 새끼손톱만큼이나 작았다. 잘 이해가 가지 않았다. 서울 올림픽에서 우리나라는 굉장히 순위가 높아서 심지어 미국보다도 메달을 많이 땄는데, 어떻게 이렇게 작을 수가 있을까?

1년 뒤 모든 게 바뀌었다. 갑자기 내가 태어난 나라가 지도에서 사라지고, 세계를 여행할 수 있게 되었다. 하지만 지도책에 대한 내 사랑은 변하지 않았다. 그때쯤 나는 이미 거실에 앉아 지도책을 손가락으로 여행하고, 마치 먼 세계를 정복하기라도 한 것처럼 외국의 지명들을 혼자서 읊조리는 데 익숙해져 있었다.

《모두를 위한 지도책(Atlas für jedermann)》은 내가 생전 처음으로 읽은 지도책이었다. 그때는 알지 못했지만, 다른 모든 지도책과 마찬가지로 이 지도책에도 이데올로기가 개입되어 있었다. 그 사실은 동독과 서독이 각각 다른 쪽에 위치하도록 세심하게 배치된 두 쪽짜리 세계지도에서 분명하게 드러났다. 이 지도에는 동독과 서독을 나누는 장벽도, 철의 장막도 없었다. 대신 눈부시도록 하얀, 절대로 넘을 수 없는 쪽의 경계가 있었다. 서독의 학교에서 쓰이는 지도책에는 동독이 온전한 국가가 아님을 나타내기 위해 그 영토에 점선이 그어져 있고, '소련 점령 지역'이라는 뜻의 비밀스러운 약칭인 'SBZ'가 표기되어 있었다. 이 사실을 나는 내가 태어난 나라가 다른 지도보다 두 배는 더 크게 그려져 있는, 이후 수입된 '디에르케(Diercke)'라는 제목의 지도책으로 내 고향의 강과 산의 이름들을 암기하면서 비로소 알게 되었다.

그때부터 나는 정치를 토대로 작성된 세계지도를 신뢰하지 않는다. 이런 지도에는 수많은 나라들이 푸른 바다 위에 펼쳐진 형형색색의 손수건처럼 자리 잡고 있다. 유효 기간이 그리 길지 않은 이 지도들로는 어떤 나라가 어떤 색으로 칠해진 면을 일시적으로 차지하여 지배하고 있는지를 빼고는 알 수 있는 것이 거의 없다.

이와 비교해 자연을 국가 단위로 나누지 않는, 인간이 만든 국경에 얽매이지 않는 지도는 얼마나 많은 이야기를 담고 있는가. 지형학의 눈으로 보면 육지는 저지대의 짙은 녹색, 고산지대의 적갈색, 또는 극지방의 빙하의 흰색으로 빛나고 바다는 다양한 음영의 푸른색으로 어슴푸레 빛난다. 이런 지도는 역사의 흐름에 구속받지 않는다.

이 지도들은 무자비한 '축약'으로 자연을 길들인다. 실제 자연의 다채로움을 소거해 상징적인 기호로 대체하는 것이다. 나무가 모여 있는 것을 숲으로 나타낼지 말지, 사람이 다니는 오솔길을 길로 표시할지 등을 결정한다. 이러한 축약을 거친 지도 위에서 고속도로는 축척에 맞지 않게 넓게 표시되고, 독일에서나 중국에서나 100만 명이 사는 대도시는 똑같은 네모로 그려진다. 또 북극의 만은 태평양의 만과 똑같은 푸른색으로 빛난다. 오로지 두 곳의 수심이 같기 때문이다. 그러나 북극해에 우뚝 솟아 있을 빙산은 중요하게 여겨지지 않는다.

지도는 구체적이면서도 추상적이다. 그리고 아무리 정확하고 객관적으로 그리려 했다 해도 결국 실제를 있는 그대로 표현한 것은 아니다. 지도는 하나의 과감한 해석일 뿐이다.

지도 위의 선들은 변화의 달인임을 스스로 증명해 보인다. 선들은 경도와 위도가 이루는 멋진 수학적 패턴으로 육지와 바다를 가리지 않고 십자모양으로 서로 교차해 있다. 체계적으로 이어진 등고선이 되어 산맥, 계곡, 심해를 나타내기도 한다. 이 선들은 음영을 이루는 그림자와 함께 지구의 물성을 지도 위에 살려내 보여준다.

나는 지도 위를 이리저리 더듬는 손가락의 움직임이 에로틱한 몸짓으로 보인다는 사실을 깊이 자각한 적이 있다. 바로 양각으로 제작된 지구본을 베를린국립도서관에서 보았을 때다. 지도책의 음란한 버전이라 할 수 있는 이 구체의 깊이 팬 마리아나해구와 높이 솟은 히말라야산맥이 왠지 모르게 외설적으로 보였던 것이다.

물론 지구본은 지도책 속 지도들보다 지구를 훨씬 더 잘 표현하고 있어서, 젊은이들의 방랑벽을 불러일으키기도 한다. 문제는 지구본의 둥근 모양이다. 막힌 곳이 없는 지구본에는 가장자리도, 위아래도, 처음과 끝도 없다. 또한 그 반절은 늘 시야에서 벗어나 있다.

이와 달리 지도책 속 지구는 한눈에 볼 수 있는 평평한 모양이다. 지도의 흰 여백에 매혹된 탐험가들이 미지의 땅들을 탐험해 등고선을 그리고 이름을 붙여, 세계의 끝 곳곳을 오랫동안 거기서 어슬렁거리던 거대한 바다뱀과 괴물들로부터 해방하기 전에 그랬던 것처럼 말이다. 마침내는 남반구에 있을 거라 상상했던 거대한 대륙도 사라져버렸다. 그런데 그 대륙은 이름부터 이상하다. '테라 오스트랄리스 인코그니타(Terra Australis Incognita)', 즉 '미지의 남방대륙'이라는데, 알려진 적 없는 땅이 어떻게 이름을 가질 수 있었을까?

지구를 한눈에 볼 수 있게 표현하는 건 쉬운 일이 아니다. 지구는 둥글기 때문에 어떤 방식으로 지도에 투영하든 그 모습이 왜곡되기 마련이다. 거리, 방위, 축척 중 하나에서는 반드시 오류가 나타난다. 방위를 정확하게 나타낸 세계지도에서는 육지의 면적이 몰염치할 정도로 왜곡되어서, 실제로는 대륙 중에서도 두 번째로 큰 아프리카대륙이 세계에서 가장 큰 섬일 뿐인 그린란드와 비슷한 크기로 보인다. 실제로는 아프리카대륙이 그린란드보다 14배나 큰데 말이다. 입체인 지구의 표면을 실제와 똑같은 면적, 거리, 방위로 평면에 정확히 나타내는 일은 불가능하다. 그래서 2차원의 세계지도는 세계를 과감하게 단순화한 추상과, 미학적인 관점에서 세계를 보려는 해석 사이의 어느 지점에서 타협하게 된다. 결국, 지구의 모습을 어림짐작으로 포착하여 북쪽을 기준으로 둔 채 신처럼 내려다보게 된다. 이것이 바로 지도책이 우리에게 보여주는, 이른바 객관적인 세계의 모습이다. 우리는 이를 두고 '세계지도'라고 부르기를 주저하지 않는다. 마치 태양계나 우주는 존재하지도 않는 것처럼. 사실은 당연히 '지구지도'라고 해야 한다. 세계 그 자체에 대한 지식을 담고 있지는 않기 때문이다.

몇 년 전 타이포그래피를 가르치는 나의 지도교수가 크고 튼튼한 장식장에 넣어 보관해오던 큼직한 책 한 권을 나에게 보여주었다. 그의 수집품 가운데 유서 깊은 시집을 비롯하여 이런저런 매듭, 다양한 종류의 소시지와 케이크를 그린 수채화들, 그리고 '모든 걸 다 알려드립니다(Ich sag Dir alles)'라는 야심찬 제목 아래 잡다한 것들을 다루고 있는 오래된 편람 등은 이미 본 적이 있었다. 편람의 제목은 결코 과장이 아니었다. 온갖 스타일의 수염 그림에 이어 인간 치열의 횡단면을 보여주는 그림은 물론이고, 보편공의회(그리스도교의 주교들이 모여 여는 종교회의)들에 대한 상세한 설명과 함께 근대에 일어난 주요 암살 사건의 목록도 들어 있어서 '공의회/암살'이라는 멋진 장제목이 달릴 수 있었다.

그런데 지도교수는 파란 대리석무늬 종이로 싸인, 구겨진 견지로 양장된 커다란 2절판 책 한 권을 꺼내 들었다. 그 책은 《모든 걸 다 알려드립니다》마저 보잘것없는 것으로 만들어버렸는데, 책의 매끈하고 누런 쪽들에는 기하학적인 구조물, 십자가, 작은 상자를 비롯하여 홑선, 겹선, 세겹선, 점선, 실선, 가는 글씨체, 이탤릭체, 화려체, 약칭, 화살표, 기호, 수채화 붓질 자국, 매우 정교한 동판화가 가득 들어 있었다. 여기에는 지도 제작이라는 이야기의 모든 주인공들이 하나씩 열거되고 연습되어 있었다. 심지어 흑백 경계선과 축척까지. 펜으로 그은 선이 때로는 서툴고 비뚤비뚤했지만, 나머지 부분들에서는 너무 완벽해서 사람 손으로 그렸다는 게 믿기지가 않았다. 화려한 대문자로 쓰인 제목에 따르면, 이 책은 어느 프랑스 지도 제작자가 지도 제작 수습공으로 일했던 1887년부터 1889년 사이에 수집한 지형도를 한데 묶어놓은 것이었다.

나는 책 뒷면에 접혀 있는 작은 면지 한 장을 발견했다. 거기에는 어느 섬의 지도가 틀 안에 그려져 있었는데, 지도 아래 왼쪽 구석에는 습곡을 스케치한 트롱프뢰유(trompe l'oeil, 착시화)가 있었다. 그러나 섬의 크기가 표시되어 있지 않을 뿐더러 섬에 대한 어떤 설명도 없었다. 이 이름 없는 침묵의 섬에는 갈색 수채물감으로 그려진 거대한 산맥이 우뚝 솟아 있었다. 산맥의 골짜기에는 작은 호수들이 있었다. 구불구불한 강줄기들은 해안선을 따라 그려진, 푸른 윤곽으로만 알아볼 수 있는 바다로 흘러들어 가고 있었다.

나는 이 섬의 지도를 그린 사람이 본토를 그리기 전에 연습 삼아 이 섬을 그려본 게 아닐까 생각했다. 그러다 문득 섬은 작은 대륙이고, 대륙은 거대한 섬일 뿐이라는 사실을 깨달았다. 선명하게 그려진 이 한 조각의 땅은 꽤 완벽했지만, 이 섬이 그려진 낱장 종이와 마찬가지로 잊혀버렸다. 본토와의 모든 연결은 끊어져 버렸고, 나머지 세상에 대한 어떤 언급도 없었다. 나는 이 섬보다 더 외로운 곳을 보지 못했다.

실제로, 모국에서 멀리 떨어져 있어 그 나라의 지도 안에 들어가지 못하는 섬들이 여럿 있다. 보통 이런 섬들은 중요하게 여겨지지 않는다. 이 섬들은 별도의 작은 상자에 들어가 지도의 가장자리로 밀려나 버리기 일쑤다. 그나마 섬의 고유 축척은 함께 표기되지만, 실제로 이 섬이 어디에 있는지는 도무지 알 길이 없다. 이 섬들은 본토의 각주 취급을 받고, 없어도 별 상관없는 곳으로 간주된다. 그렇지만 훨씬 흥미로운 곳이기도 하다.

어쨌든 → 이스터섬 (116) 같은 곳이 외딴섬이냐 아니냐는 관점의 문제일 뿐이다. 이 섬의 원주민인 라파누이인들은 자신들의 고향을 '세계의 배꼽'이라는 의미로 '테피토오테헤누아(Te Pito O Te Henua)'라고 부른다. 시작도 끝도 없는 둥근 지구에서는 어느 곳이든 그 중심이 될 수 있는 것이다.

대륙에서 바라볼 때, 활화산이든 사화산이든 화산의 활동으로 생겨난 섬은 외딴섬으로 보인다. 다른 육지로 가려면 배를 타고 몇 주를 항해해야 한다는 사실은 대륙에 사는 이들로 하여금 이 섬을 이상적인 곳으로 여기게 하고, 바다로 둘러싸인 섬은 유토피아를 실험하기 위한 완벽한 장소이자 지상의 낙원으로 간주된다. 19세기 남대서양의 → 트리스탄다쿠냐 (58)에는 일곱 가족이 스코틀랜드 출신 윌리엄 글라스의 가부장적인 통치 아래 작은 공산주의 사회를 이루어 평화롭게 살았다. 또, 문명과 세계 대공황에 넌더리가 난 베를린 출신의 치과 의사 프리드리히 리터 박사는 1929년에 갈라파고스제도의 → 플로레아나 (108)에 은신처를 마련하였다. 그곳에서 그는 옷가지를 비롯하여 불필요한 것은 모두 버리고 살았다. 그리고 미국인 로버트 딘 프리스비는 1920년대에 태평양에 있는 환초 → 푸카푸카 (104)로 이주했을 때, 그곳에서 남태평양 문학의 고전적인 주제에 걸맞은 굉장히 부러운 자유로움을 찾았다. 여기서 섬은 그 자체로 완전한 존재로 보인다. 태초의 모습을 잃지 않은 그 모습은 마치 인간이 타락하기 전의 낙원과도 같다. 부끄러움을 모르지만, 순결하다.

이런 외딴섬이 지닌 매력에 20세기 초 캘리포니아 출신의 선원 조지 휴 배닝도 푹 빠진 바 있다. 태평양을 항해하던 그는 배가 난파하기를 내

심 바랐다. 어디든 상관없었다. 사방이 바다로 둘러싸인 황량한 장소이기만 하면. 하지만 처음에는 운이 없었고, 환상을 버려야 했다. *"우리 일은 오아후섬과 타히티섬처럼 '흥미로운' 섬으로 항해하는 것뿐이다. 이런 섬에서는 껌 포장지와 미국식 말투를 바람에 흔들리는 야자나무 잎이나 바나나 껍질처럼 흔히 접할 수 있다."*

그러다 마침내 그에게 행운이 찾아왔다. 전기모터가 달린 최신 디젤 요트를 타고 멕시코 바다로 떠나는 탐험에 참여하게 된 것이다. 그들은 바하칼리포르니아반도의 섬들로 항해를 떠났다. 그중에 → 소코로섬 (126)이 포함되어 있었다. 소코로섬에 대해 그가 아는 것은, 이 아무것도 없는 섬에는 일부러 찾아가는 사람도 거의 없다는 것이었다. 항해를 시작하기 전, 그 섬에 대체 뭐가 있냐는 한 동료의 질문에 그는 이렇게 답했다. *"없어. 아무것도 없어. 바로 그 점이 좋은 거야."*

아름다운 공허의 매력은 말 그대로 아무것도 없는 곳을 찾아 극지방으로 온 탐험대를 영원한 얼음의 세계, → 루돌프섬 (40)으로 끌어들였다. 각국이 전 세계를 탐험해 자연과 천연자원이 풍부한 세계를 찾아내어 자기들끼리 나눠 가진 이후였다.

아무도 발을 들여놓지 않은 남극의 → 페테르1세섬 (152)은 지구 어디에든 흔적을 남기려는 욕망을 지닌 인간에게 참을 수 없는 존재였다. 역사에 이름을 남길 기회이기도 했다. 그러나 세 번에 걸친 시도에도 인간은 얼음으로 뒤덮인 이 섬을 정복하지 못했다. 이 섬을 발견하고 108년이 지난 1929년이 되어서야 탐험대가 처음으로 이 섬에 발을 들여놓는 데 성공했다. 이후 1990년대까지도 이 섬에 들어간 사람보다 달에 착륙

한 사람이 더 많았다.

세계 곳곳에 자리한 수없이 많은 외딴섬에 들어가는 일은 대륙 근처에 있는 섬에 들어가는 일보다 두 가지 이유로 더 힘들다. 일단 섬까지 가는 길이 멀고 힘들다. 그리고 상륙하는 것도 목숨을 걸어야 할 만큼 위험하고 어렵다. 설령 섬으로 들어가는 데 성공한다 해도, 오랜 세월 들어가길 열망했던 그 섬은 예상했던 대로 대개 황폐하고 볼품없는 땅이었다. 탐험대가 작성한 보고서에 담긴 내용은 하나같이 비슷비슷했다. 찰스 윌크스 대위는 → 매쿼리섬 (94)에 대해 다음과 같이 기술한 바 있다. *"매쿼리섬은 방문할 만한 매력이 없는 곳이다."* 제임스 더글러스 대령 역시 비슷한 생각이었다. *"이 섬은 노예들을 강제로 유배 보낼 수 있는, 인간이 생각해낼 수 있는 가장 비참한 곳이다."* 프랑스 해군 장교 아나톨 부케 드 라 그리는 → 캠벨섬 (112)의 전경이 황량해 보인다고 시인했다. 외딴섬을 사랑하는 조지 휴 배닝도 다음과 같이 말했다. *"소코로섬은 아주 황량해 보인다. 저기 보이는 소코로섬의 모습에 나는 반쯤 타버린 짚더미를 떠올린다. 쏟아지는 비에 꺼져버린, 다시 타오를 힘도 없이 잉크처럼 시커먼 웅덩이에 잠들어 있는 짚더미 말이다."*

쓸모없는 것처럼 보이는 일에 막대한 비용이 투입되곤 한다. 그런 사업은 대부분 처음부터 실패할 운명이다. 그런데도 프랑스과학아카데미는 두 번에 걸쳐 값비싼 장비를 실은 탐험대를 세계의 끝으로 보내 그곳 → 캠벨섬 (112)에서 1874년에 일어난 금성의 태양면 통과를 관측하게 했다. 그러나 이 자연 현상은 결국 거대한 구름에 가려 모습을 드러내지 않았다.

이 실패를 잊기 위해 과학자들은 섬을 구석구석까지 모두 측량하고 섬 고유종의 표본을 찾아내는 데 많은 시간을 보냈고, 길게 열거된 그 고유종 목록 때문에 탐험 보고서의 부록도 점점 두꺼워졌다.

경험적 연구의 관점에서 보면 모든 섬은 축복받은 곳이자 자연의 실험장이다. 다시 말해, 섬에서만큼은 연구 대상을 애써 제한하지 않고 있는 그대로 기록하고 관찰할 수 있다. 물론 외부에서 침입한 동물에 의해 섬에 서식하는 동식물이 멸종되거나 전염병으로 주민들이 죽어나가기 전까지의 이야기다.

섬에 도착한 몇 안 되는 방문자들 사이에 극심한 공포가 퍼져나가는 건 드문 일이 아니다. 섬에 갇혀 있는 상황에 직면하게 되면, 죽을 때까지 외딴섬에 고립되어 힘들게 살아갈 수밖에 없을지도 모른다는 불안함에 사로잡히기 마련이다.

검은 절벽의 → 세인트헬레나 (52)는 나폴레옹이 유배되어 지내다 임종을 맞은 곳이다. 풍요로운 초록빛의 → 노퍽섬 (102)은 낙원으로 손색이 없는 섬인데도 불구하고, 영국이 유배지로 삼으면서 죄수들에게 가장 큰 두려움의 대상이 되었다. 그리고 항해 중 난파당한 위틸호의 노예들에게 아주 작은 → 트로믈랭 (78)은 처음엔 행운의 도피처였다. 하지만 면적이 1제곱킬로미터도 채 안 되는 그곳에서 찾은 그들의 '자유'는 이내 처절한 생존 투쟁으로 변해버리고 말았다.

외딴섬은 자연이 만든 감옥이다. 완강하게 버티고 있는, 넘을 수 없는 단조로운 바다의 벽에 둘러싸인 그곳은 해외의 식민지를 본국과 연결하는 탯줄과도 같은 교역로에서 멀리 떨어져 있다. 그렇기에 환영받지 못한 사람들, 배제된 사람들, 이상한 사람들이 모이기에 매우 적합한 장소이다.

외부 세계로부터 고립된 섬에서는 무서운 질병이나 이상한 풍습이 퍼져나가곤 한다. → 세인트킬다 (44)에서 일어난 갓난아기들의 원인 모를 죽음, → 티코피아 (132)에서 강제로 행해지는 끔찍하지만 불가결한 영아 살해, → 클리퍼턴섬 (122)에서의 강간, → 플로레아나 (108)에서의 살인, 그리고 → 생폴섬 (66)에서의 식인 행위와 같은 범죄들은 섬이라는 예외적인 장소에서 일어나리라 이미 예정된 일처럼 보인다. 오늘날에조차 섬들 중에 우리의 법 감정에 반하는 법을 가진 곳이 존재한다는 사실은 → 핏케언섬 (118)에서 일어난 성폭행 사건이 잘 보여주고 있다. 핏케언 섬에는 바운티호의 폭동자들의 후손들로 이루어진 작은 공동체가 있다. 2004년에 이 섬의 성인 남성 중 절반이 수십 년간 여자와 어린이들을 상습적으로 강간한 혐의로 유죄 선고를 받은 일이 있다. 변호에 나선 피고인들은 100년 넘게 묵은 관습법을 끌어다 대면서, 조상 대대로 미성년인 타히티 여자들과 성관계를 하는 관습이 전해 내려오고 있다고 주장하기도 했다. 이처럼 섬은 낙원이 될 수도 있고, 지옥이 될 수도 있다.

조그만 땅덩이에서 평화로운 삶이 이어지는 일은 드물다. 섬에서는 평등한 유토피아적인 공동체가 실현되는 일보다, 한 개인에 의한 공포정치가 펼쳐지는 일이 더 잦다. 대개 섬이라는 곳은 누군가에게 정복되기만을 바라는 태생적인 식민지로 간주된다. 그렇기에 멕시코인 등대지기가 → 클리퍼턴섬 (122)의 왕이 되고 → 플로레아나 (108)에서는 오스트리아에서 온 여성 사기꾼이 갈라파고스제도의 황제로 등극할 수 있었다.

이 작은 대륙들은 세계의 미니어처가 되기도 한다. 세상 사람들의 이목에서 벗어나 있는 이 섬들에서는 인권 유린이 일어나고(→ 디에고가르시아 (72)), 핵폭탄이 터지고(→ 팡가타우파 (96)), 생태계가 무너질 수 있다.(→ 이스터섬 (116))

가장자리 따위는 없는 둥근 지구의 어디에도 사람의 손길이 닿지 않은 에덴동산은 없다. 멀리까지 탐험해 상상 속 괴물들을 지도 밖으로 쫓아냈지만, 대신 스스로 괴물로 변해버린 인간들이 있을 뿐이다.

바로 이런 최악의 사건들이야말로 가장 위대한 이야기가 될 잠재력을 갖고 있고, 또 섬은 완벽한 무대가 된다. 섬과 비교해 상대적으로 넓은 대륙의 본토에서는 현실의 부조리가 묻히지만, 섬에서는 이런 부조리가 선명하게 드러난다. 섬은 연극 무대 같은 곳이다. 섬에서 일어나는 모든 일은 거의 필연적으로 이야기로 옮겨지고, 먼 외딴곳을 배경으로 하는 실내극으로 변신하고, 문학 작품의 소재가 된다. 이런 이야기의 특징은 사실과 허구가 나뉘지 않는다는 점이다. 사실은 허구가 되고, 허구는 사실이 되어버린다.

섬을 발견한 사람들은 자신들이 발견한 섬 덕분에 유명해진다. 섬을 발견한 일이 마치 창조와 관련된 업적인 것처럼, 찾아낸 것이 아니라 만들어내기라도 한 것처럼 말이다. 이에 있어서, 지형에 이름을 붙이는 일은 매우 중요하다. 마치 이 이름 덕분에 비로소 어떤 장소가 존재하기라도 하는 것처럼 여겨진다. 세례식과 마찬가지로 발견자는 발견물과 모종의 관계를 맺고 섬의 소유권을 주장할 수 있게 된다. 섬을 단지 먼 곳에서 보기만 했거나, 그 섬이 오래전부터 원주민이 살고 있는 이름 있는 땅이라 해도 말이다.

모든 다른 일들도 그렇듯, '기록은 반드시 해야 한다. 그저 살기만 하는 것은 그렇지 않다(Scribere necesse est, vivere non est)'라는 격언이 적용된다. 기록된 것만이 실재한다. 자신이 발견한 땅에 깃발을 꽂아 넣는 사람은 온갖 정보를 이용하여 그가 속한 나라의 영유권을 주장하려 애를 쓴다. 좌표를 계산하고, 지도를 그리고, 지도 속 장소에 자기 나라의 언어로 이름을 붙인다. 예를 들면, → 페테르1세섬 (152)의 최근 모습을 그린 지도는 노르웨이가 제작한 것이 유일하다. 남극조약에 따라 어떤 나라도 남극 지역에 대한 영유권을 주장할 수 없는데도 불구하고, 노르웨이는 지도를 완성한 것을 근거로 페테르1세섬에 대한 영유권을 강하게 주장하고 있다.

섬에 깃발을 꽂는 일이 끝나면, 지도를 제작할 차례다. 새로운 이름으로 새로운 장소가 태어난다. 이 바다 너머의 땅은 점령되고 소유당하며, 정복 행위가 지도 위에서 다시 반복된다. 어떤 섬이든 먼저 정확한 위치가 측정되고 표기된 다음에야 비로소 현실 속에 실제로 존재하는 섬이 된다. 모든 지도는 식민 지배라는 폭력의 결과이자 과정이다.

때때로 섬과 그 지도가 하나가 된다는 사실이 아우구스트 기슬러의 이야기에 잘 드러나 있다. 기슬러는 19세기 말 → 코코섬 (136)에서 보물지도를 바탕으로 수십 년에 걸쳐 발굴 작업을 했는데, 이 지도는 언제부

턴가 그가 찾아 헤매고 다닌 보물을 대신하게 되었다. 결국 기슬러에게는 찾지 못한 보물보다 지도에 담긴 갈망이 더 소중한 것이 되었다. 그리고 기슬러가 직접 그린 코코섬 지도는 로버트 루이스 스티븐슨이 모험소설을 쓰는 데 토대가 되었다. *"이 섬의 형태가 나의 상상력을 무척이나 풍부하게 해주었다. 이 섬에는 소네트처럼 나를 황홀하게 하는 정박지들이 있었다. 그리고 나는 운명에 이끌린 듯한 기분으로 영감을 얻어 내 작품에 이름을 붙였다. '보물섬'이라고."*

한 소설의 제목은 문학에서 특정 장르의 약칭이 되었을 뿐만 아니라, 지도책에도 등장하게 되었다. 칠레의 후안페르난데스제도의 한 섬은 순전히 관광객을 끌어들일 목적으로 1970년에 이름이 바뀌었다. 한때 '육지에 좀 더 가깝다'는 의미로 '마스아티에라(Más A Tierra)'로 불렸던 이 섬은 알렉산더 셀커크가 훗날 〈로빈슨 크루소〉의 모티브가 된 경험을 한 곳이었다. 오늘날 이 섬은 소설 주인공의 이름을 따서 → 로빈슨크루소섬 (90)으로 불리고 있다. 더 혼란을 부추기는 것은 로빈슨크루소섬에서 서쪽으로 150킬로미터 떨어져 있는, 한때 '더 멀리 떨어져 있다'는 의미에서 '마스아푸에라(Más Afuera)'로 불렸던 섬의 이름이 지금은 '알렉산더셀커크섬'으로 바뀌었다는 사실이다. 정작 셀커크는 그 섬에 가본 적도 없는데 말이다.

식량을 싣고 오거나 누군가를 고향으로 데려다줄 배는 사람들이 간절히 바라 마지않는 데우스엑스마키나(deus ex machina, 고대 그리스 연극에서 기계 장치로 신이 내려와 갑작스럽게 갈등을 해결하는 것)다. 하지만 어쩌면 보일지도 모를 그 배의 흐릿한 윤곽과 섬에서 보이는 시야의 사이에는 수평선이 놓여 있다. 지도는 그 수평선의 끔찍한 단조로움을 조금이나마 덜어준다.

혹여 새로 발견된 땅이 사람들의 기대에 못 미치면, 그곳에 붙여지는 이름에 복수심이 담기곤 한다. 대표적인 예로, 1521년 포르투갈 탐험가 페르디난드 마젤란과 1765년 영국 해군 장교 존 바이런은 투아모투제도에 있는 몇 개의 환초를 가리켜 '실망의 섬'이라고 불렀다. 마젤란은 절실하게 필요했던 식수와 식량을 이 바싹 말라버린 섬에서 찾지 못했기 때문에, 바이런은 지금도 그곳에 살고 있는 원주민들의 예상치 못한 적대감 때문이었다. 많은 다른 이름들은 신화, 동화의 것들이다. → 포세시옹섬 (70)에는 스틱스강이 흐르고, → 트리스탄다쿠냐 (58)의 수도는 '칠대양의 에든버러(Edinburgh of the Seven Seas)'로 불린다. 주민들은 그곳을 간단히 '정착촌'이라는 의미의 '더세틀먼트(the Settlement)'로 부르긴 하지만 말이다. 어쨌든, 반경 2400킬로미터 이내의 유일한 정착지를 두고 뭐라고 불러야 하겠는가?

무엇보다 섬의 지명에는 섬에 사는 주민(einwohner)과 거주자(bewohner)들의 욕구와 갈망이 담겨 있다. 나는 이 책에서 거주자라는 말을 섬에 임시로 머무는 이들까지 합해서 부르는 단어로 사용했다. → 암스테르담섬 (74)에 머무는 사람들은 곶 중 하나를 '처녀', 두 개의 화산을 '가슴'이라고 부른다. 그리고 섬의 세 번째로 큰 분화구는 공식적으로 '비너스'라는 이름을 갖고 있다. 이런 때에 섬의 전경은 에로틱한 핀업 포스터의 대용물이 된다. 섬은 실존하는 장소이면서 동시에 은유이다.

이제 지도학은 시학의 한 범주로 자리를 얻고, 지도책은 문학으로 받아들여져야 한다. 그래야 '테아트룸 오르비스 테라룸(Theatrum Orbis Terrarum)', 즉 '세계의 극장'이라는 본래의 이름과도 더할 나위 없이 잘 어울릴 테니까.

지도를 보고 있으면 어디론가 훌쩍 떠나고 싶은 충동, 지도책을 펼치게 만든 마음을 잠재울 수 있다. 심지어 여행조차도 대신할 수 있다. 지도를 본다는 것은 그저 심미적 대리만족 그 이상이다. 지도책을 펼치는 사람은 이국적인 장소를 하나하나 찾아내는 데 만족하지 않는다. 터무니없이도 전부를, 전 세계를 한 번에 보려고 한다. 동경은 원하던 것을 이루었을 때 얻는 만족감보다 훨씬 더 크다. 지금도 나는 그 어떤 가이드북보다 지도책을 좋아한다.

북극해
ARCTIC OCEAN
비에른섬

77° 29′ N
82° 30′ E

엔솜헤덴 (러시아)

노르웨이어 *Ensomheden* [›외로움‹] | **러시아어** *Ostrov Uyedineniya* [›은둔의 섬‹]
20km² | 무인도

300 km → 노바야젬랴
330 km → 세베르나야젬랴
660 km → 루돌프섬 (40)

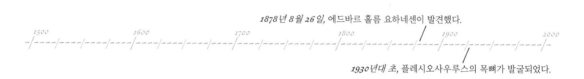

1878년 8월 26일, 에드바르 홀름 요하네센이 발견했다.

1500 1600 1700 1800 1900 2000

1930년대 초, 플레시오사우루스의 목뼈가 발굴되었다.

북극해의 카라해 한가운데에 '외로움'이 있다. 이 섬의 특징은 그 이름인 엔솜헤덴(Ensomheden, 외로움을 뜻하는 노르웨이어)에 고스란히 드러나 있다. 겨울이 되면 적막하고 차가운 이 섬은 빙하에 갇히고, 연평균 기온은 영하 16도에 불과하다. 한여름에도 기온은 0도를 살짝 웃도는 데 그친다. // 이 섬에는 아무도 살지 않는다. 관측소는 눈 속에 파묻혀 있고, 건물들은 얼어붙은 늪지의 건너편으로 좁은 모래톱이 보이는 만의 계곡에 버려져 있다. // 이 섬에서는 까마득한 옛날에 살았던 공룡의 목뼈가 발견되기도 했다. 그로부터 몇 년이 흐른 후, 독일 해군 잠수함이 이곳의 기상 관측소에 포탄을 발사해 막사를 파괴하고, 근무하고 있던 이들을 죽였다. 1942년 독일 해군이 수행한 분더란트 작전의 마지막 임무 중 하나가 이 외딴섬에 포격을 가하는 것이었다. // 소련이 극지방에 설치한 최대 규모의 관측소 가운데 하나였던 이 기상 관측소는 냉전 때 다시 세워졌다. 노르웨이 북부의 항구도시 트롬쇠에서 온 한 선장이 이 섬에 붙인 원래 이름은 잊히고, '외로움'은 러시아어로 '은둔의 섬'으로 불리게 된다. 오늘날 이 섬에 들어오는 사람들은 과거와 같이 죄수들이 아닌, 세상을 등진 은자들이다. 그들은 이곳 얼음사막에서 묵상을 하다가 성자가 되어 뭍으로 돌아간다. 그들이 남기고 간 물건들은 나무로 지은 녹색 막사 속에 한때 기압, 기온, 풍향, 구름의 고도, 우주 방사선을 측정하는 데 쓰였던 기구들과 마찬가지로 꽁꽁 얼어붙어 있다. 강우량 측정기도 눈 속에 묻혀 있다. 가건물 내 야자나무 패턴으로 장식된 벽에는 염소수염을 한 레닌의 사진이 걸려 있다. 일지에는 수석 기계공이 장비를 점검한 후 정리한 정비 내역과 함께, 장비에 남아 있는 유류와 연료의 양이 상세히 기록되어 있다. 마지막 일지는 테두리를 넘어서 빨간 펜으로 쓰여 있다. *"1996년 11월 23일. 오늘 철수 명령이 떨어졌다. 물을 빼내고, 디젤 발전기를 정지시켰다. 관측소는 …"* 마지막 단어는 읽을 수가 없다. 이곳 외로운 섬에 온 것을 환영한다.

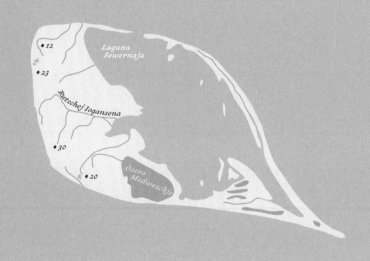

Laguna
Sewernaja
12
23
Rutschej Iogansena
30
20
Osero
Medweschje
1
2
3
4
5 km

74° 26' N
19° 03' E

비에른섬 *스피츠베르겐* (노르웨이)

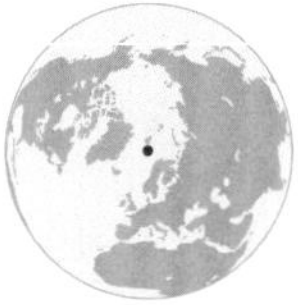

노르웨이어 *Bjørnøya* [›곰섬‹]

178km² | 거주자 9명

220 km → 스피츠베르겐

390 km → 노르웨이

2160 km → 세인트킬다 (44)

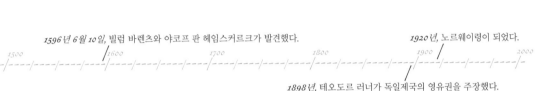

1596년 6월 10일, 빌럼 바렌츠와 야코프 판 헤임스커르크가 발견했다.

1898년, 테오도르 러너가 독일제국의 영유권을 주장했다.

1920년, 노르웨이령이 되었다.

흐린 날씨인데도 기압은 높다. 1908년 6월 30일, 그들은 새벽 2시에 비에른섬의 남쪽 정박지에 도착한다. 네 명의 표본 제작자와 한 명의 총기공을 비롯하여, 강박적인 일곱 명의 조류 관찰자가 증기선 슈트라우스(Strauss)호에 탑승해 있다. 조류 보호 운동을 창시한 한스 폰 베를레프슈(Hans von Berlepsch) 남작은 갑판 위에 서 있다. 그의 목에는 쌍안경이 걸려 있고, 바르바로사(Barbarossa, 12세기 신성로마제국의 황제 프리드리히 1세의 별명)가 하사한 문장에는 다섯 마리 앵무새가 그려져 있다. 깊은 밤의 고요함에 빠진 그는 침묵한 채 지금껏 책으로만 접했던 새들의 노랫소리에 귀를 기울인다. // 아침이 되자 남자들은 증기선에 서서 풀머갈매기, 바다오리, 상아갈매기 그리고 다 자란 큰갈매기를 향해 총을 쏘아댄다. 해변에는 갓 새끼를 부화한 흰갈매기 떼가 이리저리 날아다니고 있다. 새 애호가들은 회색 솜털이 덮인 새끼 새 몇 마리를 잡아 배 안으로 가져와, 그중 두 마리는 키우기로 하고 나머지는 죽인 다음 껍질을 벗겨낸다. 바다쇠오리는 번식 장소로 이용하는 절벽 틈에 숨어 주위를 살피고 있다. // 누군가 줄무늬노랑발갈매기를 자루에 넣는다. 세심하게 관찰한 결과, 이 갈매기는 작은 재갈매기로 밝혀진다. 그리고 또 다른 누군가는 아비새를 포획한다. 섬 내륙에서 사람들은 긴꼬리도둑갈매기를 찾아내고, 얼어붙은 호수에서는 검둥오리도 발견한다. 작은 강가 자갈밭에서 그들은 흰죽지꼬마물떼새 암컷을 향해 총을 쏘아댄다. 그 총 소리에 놀란 흰메새 한 쌍이 날개를 퍼드덕거리며 이리저리 날아다니다 그만 자신들의 둥지를 노출시키고 만다. 둥지는 안타깝게도 아직 텅 비어 있다. 북극도둑갈매기 한 쌍도 자신들의 보금자리가 있는 위치를 숨기려고 이리저리 날아다니며 사람들의 주의를 다른 곳으로 돌리려 애쓴다. 그러나 이끼 낀 움푹 패인 곳에서 사람들은 올리브색 바탕에 검은 반점으로 위장한 알들을 찾아낸다. '새 남작'으로 불리는 베를레프슈는 어미 새 네 마리가 낳은 알 전부와 다른 어미 새 한 마리가 낳은 알 절반을 모은 다음 손수건에 담아 배로 가져온다. 다른 남자들은 언젠가 꼭 잡아보고 싶었던 큰부리바다오리가 수많은 바다오리 사이로 모습을 드러내길 바라며 기회를 엿보고 있다. 잠시 후 총성이 공기를 가르며 울려 퍼지고 총에 맞아 죽은 새 한 마리가 털썩 소리를 내며 땅에 떨어진다. 이로써 증거가 생겨났다. 이 새가 섬에 산다는 것이 입증된 것이다. 새 애호가들은 만족한다. 섬 한쪽에서 그들이 자신들이 잡은 포획물을 평가하는 동안, 다른 쪽에서는 갈매기 떼가 해변에 남아 있는 고래 사체 찌꺼기를 게걸스레 쪼아 먹고 있다.

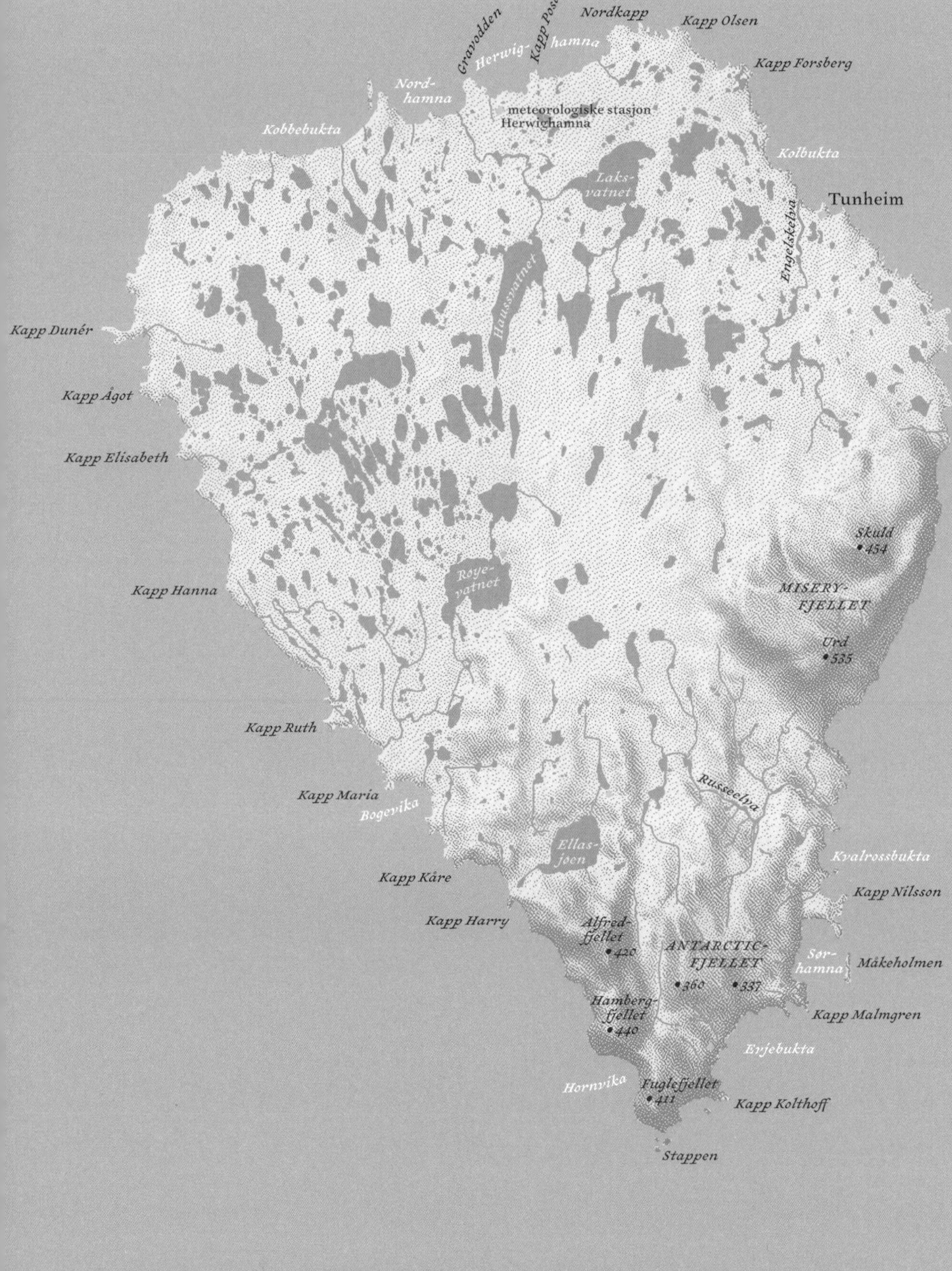
Gravodden
Kapp Posadowski
Nordkapp
Kapp Olsen
Herwig-hamna
Kapp Forsberg
Nord-hamna
meteorologiske stasjon
Herwighamna
Kobbebukta
Kolbukta
Laks-vatnet
Tunheim
Engelskelva
Haussvatnet
Kapp Dunér
Kapp Ågot
Kapp Elisabeth
Kapp Levin
Skuld
454
MISERY-FJELLET
Røye-vatnet
Kapp Hanna
Urd
535
Kapp Ruth
Russeelva
Kapp Maria
Bogevika
Ellas-jøen
Kvalrossbukta
Kapp Kåre
Kapp Nilsson
Kapp Harry
Alfred-fjellet
420
ANTARCTIC-FJELLET
Sør-hamna
Måkeholmen
360
337
Hamberg-fjellet
440
Kapp Malmgren
Erjebukta
Hornvika
Fuglefjellet
411
Kapp Kolthoff
Stappen
0 1 2 3 4 5 km

81° 46′ N
58° 56′ E

루돌프섬 *프란츠요제프란트* (러시아)

러시아어 *Ostrov Rudolfa* | 독일어 *Rudolf Insel, Kronprinz Rudolph Land*

297km² | 무인도

560 km → 세베르나야젬랴

590 km → 스피츠베르겐

1000 *1170 km* → 비에른섬 (38)

1874년 4월, 오스트리아-헝가리제국 북극 탐험대의 율리우스 폰 파이어와 카를 바이프레히트가 발견했다.

1500 *1600* *1700* *1800* *1900* *2000*

영하 50도의 추위 속에서 탐험대원들은 썰매를 타고 북쪽으로 내달린다. 30푼트(약 15킬로그램)의 곰 고기를 실은 이 썰매는 다음 위도로 향하고 있다. 썰매를 끄는 개들의 피투성이가 된 발이 하얀 눈을 벌겋게 물들인다. 태양 아래에서 빙산의 본체가 쩍쩍 갈라지고 있다. 눈앞에 펼쳐진 전경은 지도에서 보이는 것과 마찬가지로 황량하고 하얗다. 이제 지도에는 비어 있는 공간이 몇 군데밖에 없다. 마지막으로 남은 그곳들은 세상 끝에서 이름이 붙여지기만을 기다리고 있다. 방위기점도 사람도 없는 곳, 나침반의 바늘 방향을 결정하는 침묵의 지점에 도달한 이는 아직 아무도 없다. 북서항로의 수수께끼도 풀리지 않은 채 남아 있다. 북극의 얼음이 멕시코 만류에 녹아서 열리는 항로, 인도로 통하는 길 말이다. // 대원들은 썰매를 버리고 빙하의 틈에서 잠을 자며, 율리우스 폰 파이어(Julius von Payer) 중위의 인솔 아래 도보로 북쪽으로 나아간다. 파이어 중위는 30개가 넘는 알프스 산봉우리를 등반한 최초의 인물로, 지금은 이 '나라(섬들에 독일어로 나라를 뜻하는 '란트'라는 단어로 이름을 붙인 것을 가리킨다)'를 탐험하는 탐험대의 지휘관이다. 그러나 이곳은 나라라 할 수 없다. 그가 그렇게 이름을 붙였을 뿐인 또 하나의 섬일 뿐이다. 여기서 발견한 섬들 모두에 대해 그랬던 것처럼. 새로 발견한 땅에 이름을 붙이는 일에 그는 당황하는 법이 없다. 그는 쉴 새 없이 섬에, 빙하에, 해안 돌출부에 어린 시절 자신이 사랑한 고향, 자신의 후원자와 동료들, 대공들, 그리고 오스트리아-헝가리제국의 황비 시씨(Sissi)의 아들의 이름을 갖다 붙인다. 자신의 고향을 이곳 얼음섬으로 옮겨놓는다고나 할까. 조국의 이름으로 자기 나라 조상들의 이름을 따서 이곳에 있는 모든 것의 이름을 짓는 것이다. // 나침반은 그들이 눈 위의 또 다른 보이지 않는 선, 북위 82도선을 넘어섰다고 가리키고 있다. 파이어 중위는 조용히 지도에 이를 기록한다. 저녁이 되어 그들은 이른바 '크론프린츠루돌프(황태자 루돌프)란트'의 끝에 이른다. 그들 앞에 펼쳐진 것은 배가 다닐 수 있는 항로가 아닌, 오래된 빙하로 둘러싸인 엄청나게 넓은 탁 트인 공간이다. 지평선 위로 산 같은 구름이 희미하게 아른거린다. // 마지막으로 파이어 중위는 종이 위에 물결 모양의 선으로 펠데르곶, 세라르드오스본곶, 그리고 페터만란트의 남쪽 끝을 그려 넣고 있다. 그사이 탐험대원들은 오스트리아-헝가리제국 국기를 바위틈 깊숙이 꽂아 넣은 다음, 쪽지가 들어 있는 병 하나를 절벽 끝으로 휙 하니 내던진다. 미래의 증인들을 위한 꽁꽁 얼어붙은 메시지다. *"플리겔리곶, 1874년 4월 12일, 최북단 82° 5′. 여기까지다. 더는 나아갈 수 없다."*

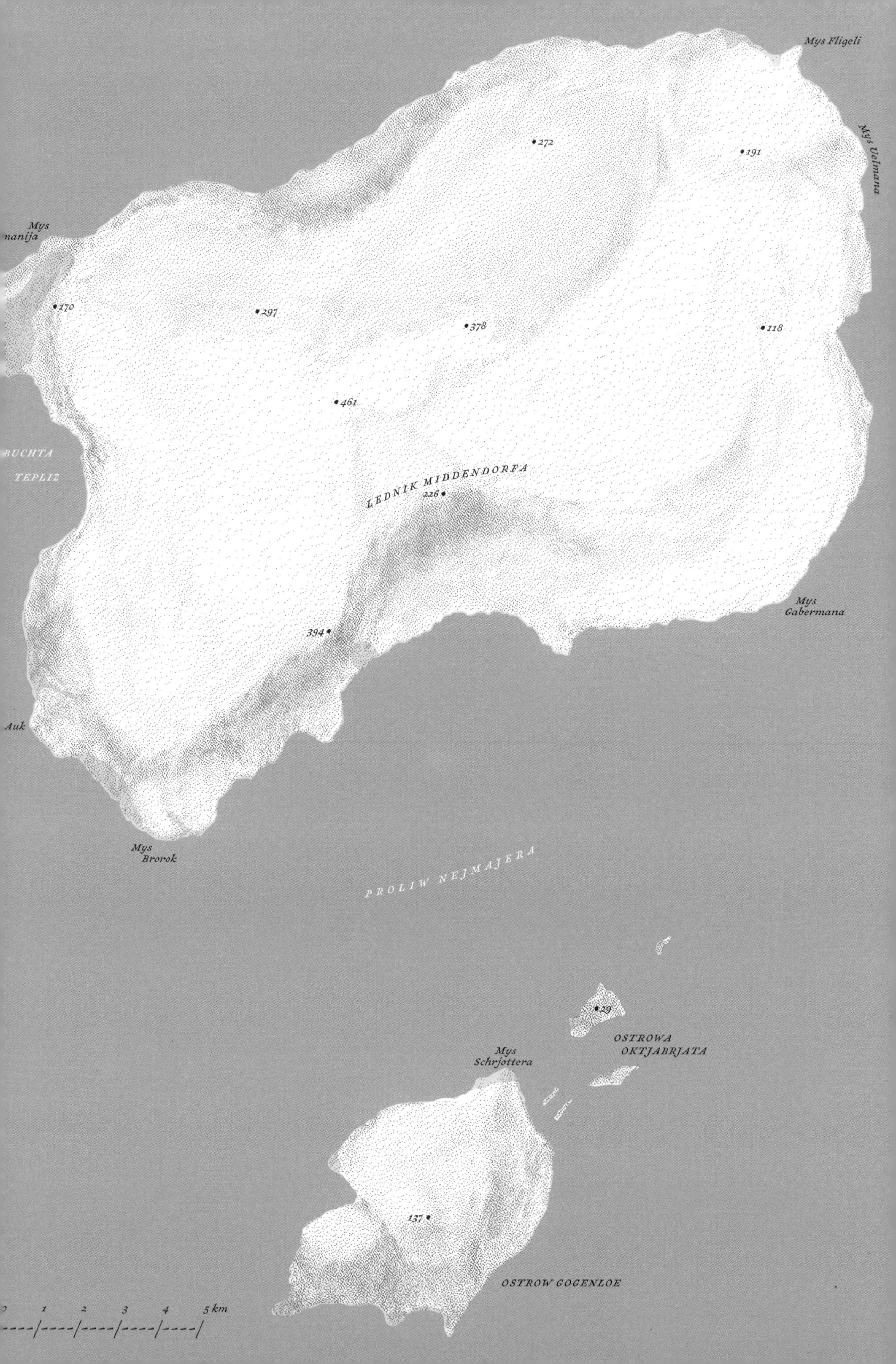

Mys Fligeli
Mys Uelmana
Mys
nanija
•272
•191
•170
•297
•378
•118
•461
BUCHTA
TEPLIZ
LEDNIK MIDDENDORFA
226•
Mys
Gabermana
394•
Auk
Mys
Brorok
PROLIW NEJMAJERA
•29
OSTROWA
OKTJABRJATA
Mys
Schrjottera
137•
OSTROW GOGENLOE
0 1 2 3 4 5 km

대서양

ATLANTIC OCEAN

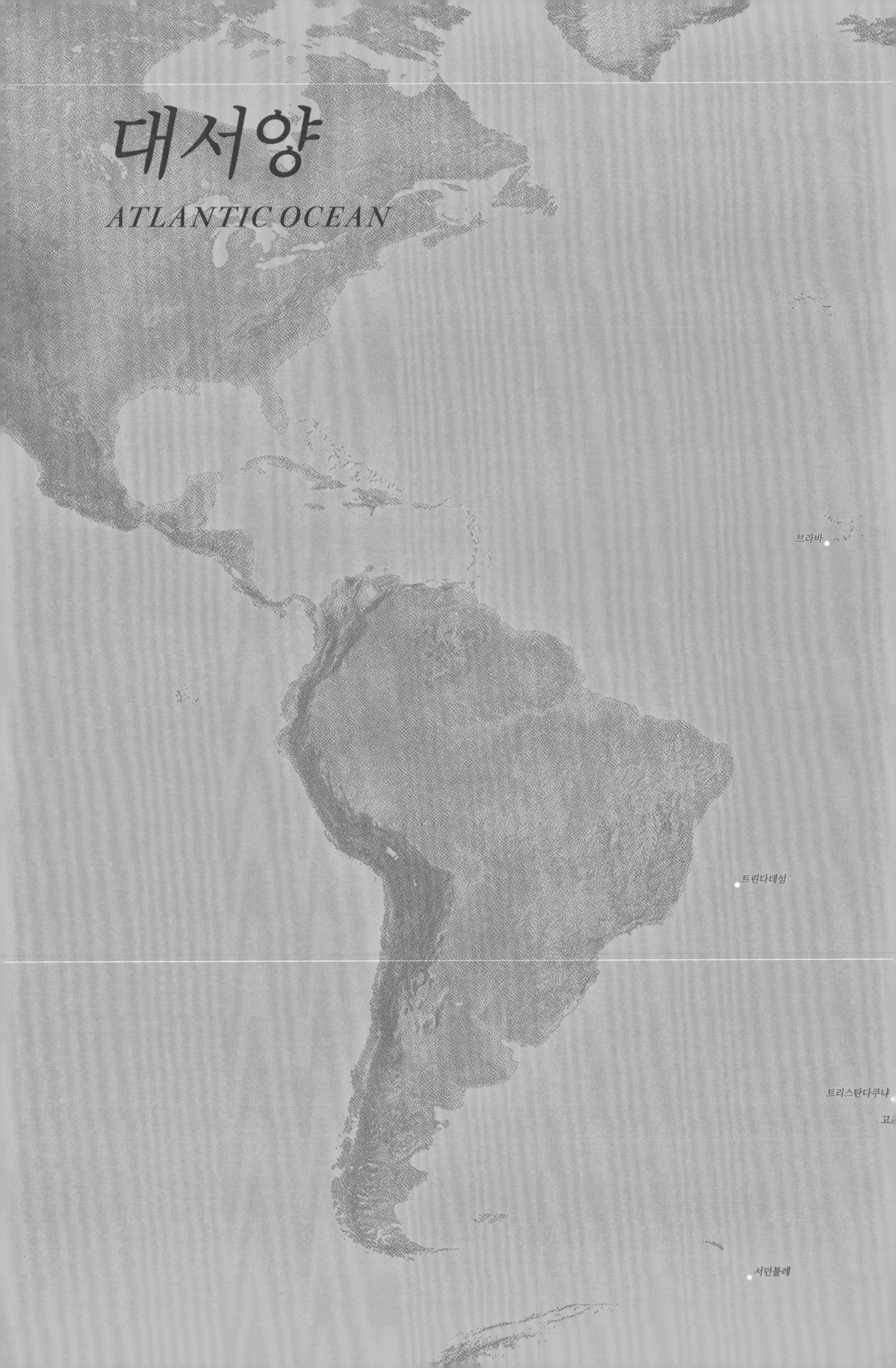

안노본
세인트헬레나
부베섬

44 대서양

57° 49' N
8° 35' W

세인트킬다 (영국)

영어 *Saint Kilda* | **게일어** *Hiort, Hirta*

8.5km² | 무인도

60 km
-/→ 해리스섬, 아우터헤브리디스제도

160 km
---/→ 스코틀랜드 본토

1000 *2000* *3000* *4000* *4940 km*
…/→ 브라바 (48)

1500 *1600* *1700* *1800* *1900* *2000*

1826/27년, 천연두가 발병했다.

1850년대, 오스트레일리아로의 이민의 물결이 일었다.

1891년, 신생아 파상풍 발병이 마지막으로 기록되었다.

1930년, 무인도가 되었다.

세인트킬다, 너는 존재하지 않는다. 너의 이름은 아우터헤브리디스제도(Outer Hebrides Islands, 스코틀랜드 북서 해상에 있는 제도) 저 너머에 있는, 영국 본토에서 가장 먼 곳에 있는 높은 절벽에 둥지를 트는 새들이 만들어낸 희미한 울음소리다. 북동풍이 불 때만 그나마 그곳으로 가는 항해를 시도할 수 있다. // 그곳에 있는 단 하나뿐인 마을에는 오두막 16채, 주택 3채, 그리고 교회 하나가 서 있다. 공동묘지에는 섬의 미래인 아기들에 대한 기록이 쓰여 있다. 마을 아기들은 모두 건강하게 태어나지만, 생후 4~6일이 되는 밤부터 아기들 대부분이 엄마의 젖을 빨지 않는다. 7일째 되는 날에는 아기들의 입가에 경련이 일어나고 목이 죄여 들어 아무것도 삼킬 수 없게 된다. 게다가 근육 경련도 일어나고 턱도 축 늘어지고 눈도 흐릿해진다. 연신 하품을 해대는 아기들의 입은 마치 누군가를 비웃듯 찡그린 채 열려 있다. 생후 7~9일 사이에 전체 신생아 중 3분의 2가 사망한다. 여자아이보다 남자아이가 더 많이 죽었다. 어떤 아기에게는 조금 일찍, 다른 아기에게는 조금 늦게 죽음이 찾아오는데 가장 빨리 죽은 아기는 생후 4일째 되는 날에, 가장 늦게 죽은 아기는 생후 22일째 되는 날 죽는다. // 일부 사람들은 사망의 원인으로 음식, 특히 사향 냄새가 나는 기름진 풀머갈매기 고기와 그 알을 꼽는다. 이걸 먹으면 엄마의 피부는 비단처럼 부드러워지지만 모유에서는 쓴맛이 나게 된다는 것이다. 어떤 이들은 근친혼이 이유라고 주장한다. 또 다른 사람들은 집 안에서 태우는 토탄 연기에 아기들이 질식사했다거나, 지붕에 포함된 아연 성분이 문제라거나, 옅은 분홍빛을 띠는 램프 기름이 원인일 수 있다는 등의 이야기를 한다. 섬의 주민들은 이것은 전지전능한 하느님의 뜻이라고 속삭인다. 하지만 그건 신앙심이 깊은 남자들의 이야기다. 아기들 대부분이 8일간 이어지는 병마를 이겨내지 못하는 상황에 여자들은 침묵한다. // 1876년 6월 22일, 한 여자가 집으로 돌아가는 배 갑판에 서 있다. 세인트킬다의 다른 여인들과 마찬가지로 그녀는 피부는 부드럽고, 뺨은 발그레하고, 눈은 유난히 맑으며 이는 상아처럼 희다. 그녀는 방금 막 아기를 낳았지만, 집에서 낳진 않았다. 바람이 북동쪽에서 불어온다. 해안에서 그녀를 볼 수 있게 되고 얼마 지나지 않아, 갑판에 서 있던 그녀가 막 태어난 아기를 하늘 높이 들어올린다.

Stac an Armin
Mullach an Eilein
379
BORERAY
Stac Lee
Am Plasdair
SOAY
Stac Soay
Glen Bay
430
Conachair
Mullach Bi
355
Village Bay
HIRTA
DÙN
Gob an Dùin
Stac Levenish
1 2 3 4 5 km

7° 56′ N
14° 22′ W

어센션섬 (영국)

영어 *Ascension Island* [›예수승천일섬‹] | **포르투갈어** *Assunção*

91km² | 거주자 1,000명

1560 km → 코트디부아르

2250 km → 브라질

2110 km → 트린다데섬 (54)

1501년 3월 25일, 주앙 다 노바가 발견했다.

1503년 5월 20일(예수승천일), 아폰수 드 알부케르크가 다시 발견했다.

1899년 12월 15일, 최초의 해저 케이블이 가설되었다.

1960~61년, 미사일 추적소가 세워졌다.

녹슨 붉은빛 화산섬의 44개의 분화구, 수 미터 높이의 안테나, 360도 돌아가는 위성 접시, 이 모든 것이 하늘을 향해 뻗어 있다. 모든 대륙에서 일어나는 일을 엿듣는 건 물론이고 전 세계, 우주, 그리고 무한한 외우주에도 귀를 기울인다. 이곳은 식은 용암으로 뒤덮인 황무지로, 달과 마찬가지로 사람이 살 수 없는 곳이다. 먼지가 날리는 크로스힐(Cross Hill) 아래에, 하얗게 칠한 세인트메리교회가 심판의 날 신의 마지막 요새처럼 자리 잡고 있다. // 어센션섬에는 아무도 항구적으로 정착해 살지 않는다. 일하러 온 사람들뿐이고, 거주 허가를 받을 수도 없다. 이 황량한 섬에서는 땅을 사거나 팔 수도 없다. 이 섬은 통신회사 기술자와 첩보원들의 일터이자, 대서양 밑바닥에 깔려 대륙들을 연결하는 해저 케이블의 중간 기착지이다. NASA가 이 섬에 관심을 갖고는 대륙간탄도미사일을 탐지하는 추적소를 설치하고, 섬 전체에 하얗게 반짝이는 파라볼라 안테나를 세운다. 거대한 골프공 같은 이 파라볼라 안테나들은 분화구 가상사리에 서 있다. // 1960년 1월 22일, 미국이 플로리다에서 우주로 쏘아 올린 아틀라스 미사일이 어센션섬 인근에서 대기권으로 재진입한다. 케이블앤드와이어리스(영국의 통신회사)의 기술자인 리처드 아리아(Richard Aria)는 레드힐(Red Hill)의 하늘을 살펴보지만, 이곳에서는 거꾸로 보이는 북두칠성 외에는 아무것도 발견하지 못한다. 그로부터 30분이 지나도 여전히 아무것도 없다. 그런데 별안간 녹색 섬광 두 개가 반짝인다. 저기 있다! 지표면을 향해 날아오는 미사일이 기다란 무지갯빛으로 빛나면서 섬 전체를 환하게 밝힌다. 처음엔 녹색을 띠다가 그 다음엔 노랑, 빨강, 주황색으로 변하더니 다시 녹색이 되어 떨어지다 사라져버린다. 선홍빛 파편이 하늘에서 비 오듯 쏟아지고, 바다에 떨어진 기수 부분이 빛을 발한다. 아주 밝은 선홍색, 진홍색, 그리고 검붉은 색으로. 그리고는 칠흑 같은 암흑만이 존재하는가 싶더니 바다에서 낮은 소리가 길게 나고, 이어 최소 1분 30초 동안 귀가 먹먹해지도록 큰 폭발음이 난다. 온 사방이 다시 조용해지는가 싶더니, 한 미국인의 목소리가 어두운 밤을 뚫고 울려 퍼진다. *"이것 봐라! 러시아 놈들아!"* 이곳 어센션섬에서 우주 개발 경쟁이 시작되었다.

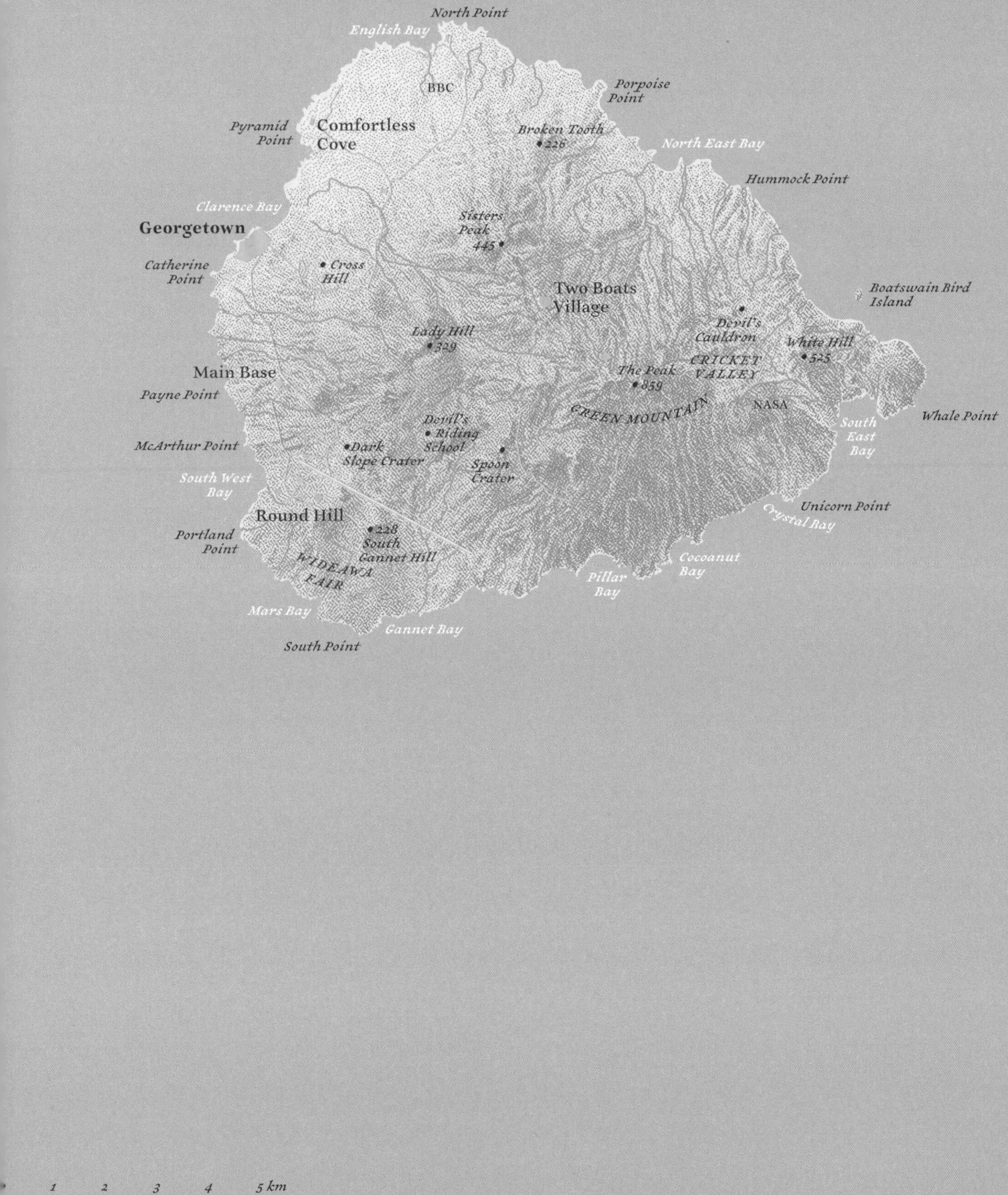
North Point
English Bay
BBC
Porpoise Point
Pyramid Point
Comfortless Cove
Broken Tooth
226
North East Bay
Hummock Point
Clarence Bay
Georgetown
Sisters Peak
445
Catherine Point
Cross Hill
Two Boats Village
Boatswain Bird Island
Devil's Cauldron
Lady Hill
329
White Hill
525
Main Base
CRICKET VALLEY
The Peak
859
Payne Point
GREEN MOUNTAIN
NASA
Whale Point
South East Bay
Devil's Riding School
McArthur Point
Dark Slope Crater
Spoon Crater
South West Bay
Unicorn Point
Crystal Bay
Round Hill
228
South Gannet Hill
Portland Point
WIDEAWA FAIR
Cocoanut Bay
Pillar Bay
Mars Bay
Gannet Bay
South Point
1
2
3
4
5 km

14° 51' N
24° 42' W

브라바 *소타벤투제도* (카보베르데제도)

포르투갈어 *Brava* [›길들일 수 없는‹]
64km² | 주민 5,698명

20 km → 포구섬

780 km → 다카르

1000 2000 *2760 km* → 어센션섬 (46)

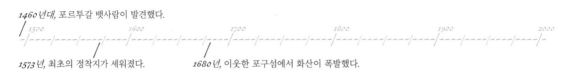

1460년대, 포르투갈 뱃사람이 발견했다.

1500 1600 1700 1800 1900 2000

1573년, 최초의 정착지가 세워졌다.
1680년, 이웃한 포구섬에서 화산이 폭발했다.

움켜쥔 심장 모양의 이 섬은 길들일 수 없는 거친 곳이다. 이웃한 섬의 거대한 화산이 바람을 막아주고 있다. 제도를 이루는 섬들 중 가장 바깥쪽에 자리한 이 섬에는 구름이 낮게 깔려 있고, 끊임없이 사막에서 불어오는 바람에 시달리는 다른 섬들보다 비가 더 많이 내린다. 아몬드나무 잎, 대추야자 잎, 코코넛나무 잎은 물론 로벨리아, 협죽도, 히비스커스, 재스민, 부겐빌레아의 꽃잎에도 이슬이 맺혀 있다. 이 섬에는 핏줄처럼 뻗은 강, 힘찬 근육과 같은 산들이 있다. 슬픈 모르나(morna, 이 지역의 고유한 음악)의 희미한 박자가 울리고, 단조의 옛 노래가 끊임없이 흘러나온다. 희망 없는 삶과, 누군가를 떠났다가 또 돌아오게 하는 피할 수 없는 운명에 대한 한탄이다. 근원에 대한 연모, 말로 표현하기 힘든 과거 어느 한 순간에 대한 추억, 먼 나라에 대한 동경, 오래전 잃어버린 고향에 대한 갈망이다. 카보베르데제도의 섬들처럼 여기저기 흩어져 있는, 어디에나 있지만 동시에 어디에도 없는 그곳에 대한 그리움과 같은 감정이다. 지금 흘러나오고 있는 노래는 원주민이 없는 섬의 노래다. 이곳에 사는 이들은 다들 이 땅에 남겨진 식민자들과 노예들, 스스로 이곳으로 온 이들과 강제로 끌려온 자들의 후손으로 눈은 파랗고 피부는 검다. // 주저하듯 느릿하게 멜로디가 흐르기 시작하더니 이어 긴 이음줄의 레가토가 뒤따른다. 거기에 기타가 4분의 4박자로 잔잔하게 깔린다. 또한, 카바키뉴(cavaquiho, 포르투갈의 현악기)의 당김음도 함께 연주되고, 이따금 바이올린이 뒤를 받쳐준다. 항구에 자리 잡은 선술집과 댄스홀에서 노랫소리가 흘러 나온다. *"누가 너와 함께 하나 / 이 긴 길을? / 누가 너와 함께 하나 / 이 먼 길을? // 상투메로 가는 / 이 길 // 소다데*(sodade, 그리움, 향수 등을 가리키는 현지어)*, 소다데 / 소다데 / 내 고향 상니콜라우 // 내게 편지를 쓰면 / 나도 답장을 쓸 거야 / 네가 나를 잊는다면 / 나도 널 잊을 거야 // 소다데, 소다데 / 소다데 / 내 고향 상니콜라우 // 네가 돌아오는 / 그날까지."* // 카보베르데제도의 주민 중 3분의 2는 자신이 태어난 고향에서 살고 있지 않다.

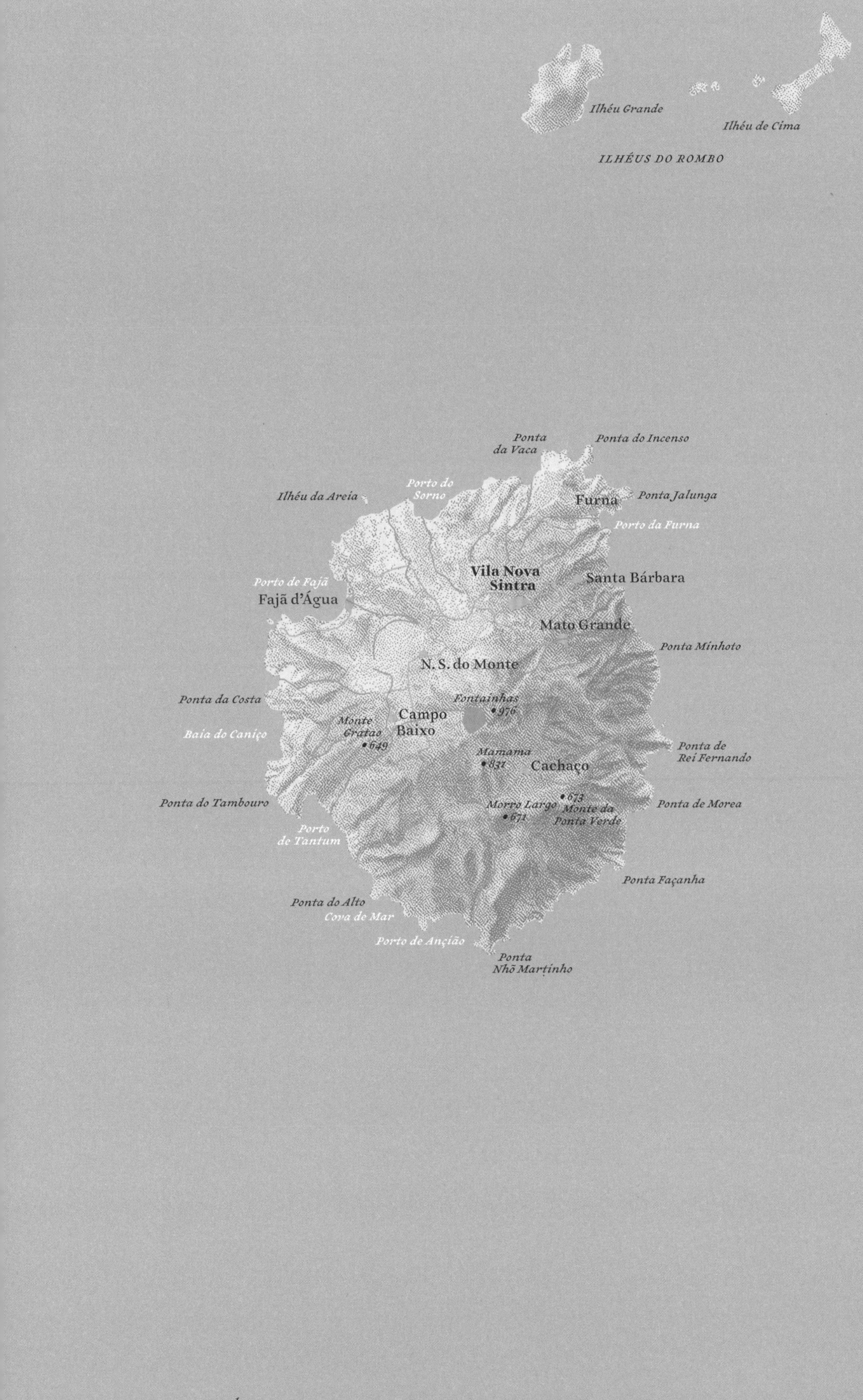
Ilhéu Grande
Ilhéu de Cima
ILHÉUS DO ROMBO
Ponta da Vaca
Ponta do Incenso
Ilhéu da Areia
Porto do Sorno
Furna
Ponta Jalunga
Porto da Furna
Vila Nova Sintra
Santa Bárbara
Porto de Fajã
Fajã d'Água
Mato Grande
Ponta Minhoto
N. S. do Monte
Ponta da Costa
Fontainhas
976
Monte Gratao
649
Campo Baixo
Baía do Caniço
Mamama
831
Cachaço
Ponta de Rei Fernando
673
Monte da Ponta Verde
Morro Largo
671
Ponta do Tambouro
Ponta de Morea
Porto de Tantum
Ponta Façanha
Ponta do Alto
Cova de Mar
Porto de Anção
Ponta Nhõ Martinho
0 1 2 3 4 5 km

50 대서양

1° 26' S
5° 38' E

안노본 (적도기니)

스페인어 *Annobón* | **포르투갈어** *Ano Bom* [›새해‹] | **안노본어** *Pagalu* [›큰 수탉‹]
17km² | 주민 5,314명

190 km → 상투메

610 km → 말라보

5580 km → 트로믈랭 (78)

1470년, 디에고 라미레스 데 라 디아스가 발견했다.

1968년, 적도기니령이 되었다.

2003년 9월 26일, 3C0V가 송출된다. 날씨도 좋지 않고, 최저 주파수 대역도 가동하지 않았음에도 그들은 이미 수없이 많은 교신에 성공했다. 주파수가 낮을수록, 파장은 길어진다. // 군인들은 매일같이 아마추어 무선사들에게 질문을 하고 신분증을 확인하며 방해를 한다. 이미 사전에 서면으로 이 나라 장관들에게 정치적, 종교적 문제에는 관심이 없고 오로지 국경을 초월한 교신에만 관심이 있다는 점을 분명하게 밝혔는데도 말이다. 이번 원정에 참여한 사람들은 모두 개별적으로 교통통신부 장관에게서 2주간 이 섬을 방문할 수 있는 허가를 받은 바 있다. 그리고 세관에서는 라디오 장비를 반입하고 반출할 수 있는 특별 임시 허가도 받았다. // 10월 4일 오전 10시, 원정이 예기치 않게 종료된다. 교신을 즉각 중단하고 안테나를 철거하라는 당국의 지시가 내려온다. 아마추어 무선사들이 통신소를 폐쇄하는 데 세 시간이 주어지고, 그들은 그날로 러시아 화물항공기에 실려 이 나라의 수도인 말라보로 이송된다. 그동안 찍은 수많은 사진도 무사히 챙기지 못한 채 그들은 그렇게 그곳을 떠나고, 전화 통화도 계속해서 방해당한다. // 이틀 후, DJ9ZB와 EA5FO는 출국 허가를 받는다. 그러나 EA5BYP와 EA5YN는 억류된다. 그러다 10월 10일이 되자, 억류되었던 그들도 마침내 떠나도 좋다는 허가를 받는다. *"원정 목표를 달성할 수 없었던 점을 우리는 심히 유감스럽게 생각합니다. 그리고 우리를 지원한 협회, 단체, 개인들을 비롯하여 안노본의 주민들이 보여준 친절과 우정에 깊이 감사합니다. 이후 언젠가 다시 안노본에 올 수 있는 가능성을 열어두려면 그곳에서 일어났던 일을 하나하나 공개하기가 어렵습니다. 우리가 처했던 힘들고 미묘한 상황을 이해해주길 바랍니다. 그럼에도 불구하고 우리는 상황이 나아지면 3C0V를 다시 송출할 수 있을 거라는 희망의 끈을 놓지 않고 있습니다."* 알았다, 오버. 교신 종료.

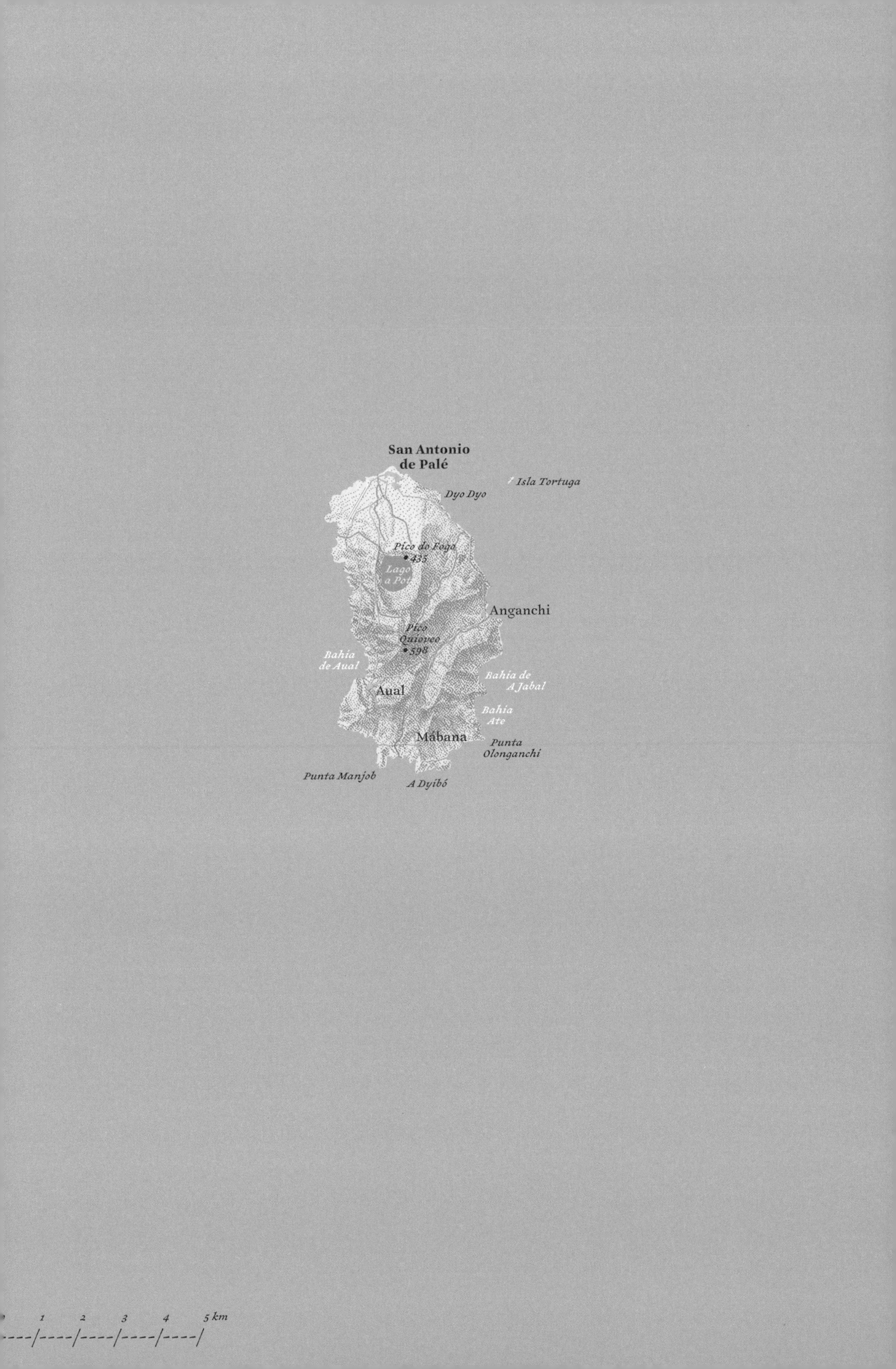
San Antonio
de Palé
Isla Tortuga
Dyo Dyo
Pico do Fogo
435
Lago
a Pot
Anganchi
Pico
Quioveo
598
Bahia
de Aual
Aual
Bahia de
A Jabal
Bahia
Ate
Mábana
Punta
Olonganchi
Punta Manjob
A Dyibó
0 1 2 3 4 5 km

15° 57′ S
5° 42′ W

세인트헬레나 (영국)

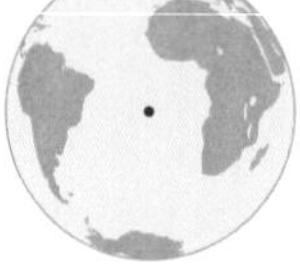

영어 *Saint Helena*

122km² | 주민 4,481명

1850 km → 앙골라

3290 km → 브라질

2010 km → 안노본 (50)

1502년 5월 21일, 주앙 다 노바가 발견했다.

1815년 10월 15일, 나폴레옹이 도착했다.

1821년 5월 5일, 나폴레옹이 사망했다.

"프리깃 한 척은 말도 안 된다!" 보나파르트주의자들은 이렇게 외치며 전 함대를 동원할 것을 요구하고 나선다. 결국, 이건 워털루 전투에서 잃은 것을 회복하는 것에 대한 문제다. 늙은 뱃사공 카론 대신, 젊은 주앵빌 공이 이 임무를 맡는다. 장례위원은 칙임관, 신부, 의사, 자물쇠공, 화가 각 한 명으로 구성되어 있다. 충직한 추종자 몇 명과 유배 시절의 시종들이 이들을 보좌한다. 그들 모두는 유럽이 멀리 떨어진 곳에 두고 싶어 했던 한 남자의 사체를 가지러 바다를 건너간다. 망자의 섬으로 들어가는 프리깃함 벨풀(Belle Poule)호는 검게 칠해져 있다. // 나폴레옹은 언제나 섬과는 인연이 없었다. 그는 바다에서는 단 한 번도 이겨본 적이 없었다. 비열한 알비온(Albion, 영국을 가리키는 옛 이름)이여! 이 섬에서 그가 갖지 못한 건 자유가 아니라, 세계 무대로 복귀할 가망과 권력이었다. 한 개 연대의 경비 아래, 나폴레옹은 역적이 되기를 자처하고 자신을 따르는 사람들과 함께 거센 바람이 부는 고원에서 살았다. 그가 할 수 있는 것은 순교자가 되는 것뿐이었고, 추종자들은 그를 위해 복음서를 썼다. 나폴레옹은 검은 바위에 묶인 프로메테우스처럼 행동하며 역사 속으로 사라져버린 영광스러운 과거의 메아리에 귀를 기울였다. // 정확히 자정에, 영국 군인들이 쇠울타리를 비틀고 석판 세 장을 땅에서 들어낸다. 횃불이 비추는 아래서 그들은 각각 마호가니, 납, 흑단, 주석으로 만들어진 네 겹의 관을 연다. 마지막 관 뚜껑을 조심스럽게 열자, 의사가 아마포를 걷어낸다. 나폴레옹은 마치 잠들어 있는 듯, 근위기병대 제복 차림으로 누워 있다. 가슴에는 훈장이 달려 있고, 허벅지 위에는 모자가 놓여 있다. 코는 변형되었고, 수염은 푸르스름하고, 손톱은 길고 하얗다. 고요하고 편안한 모습이다. 딱딱하게 굳은 그의 몸은 바짝 마른 미라가 되어 있다. 깊은 죽음의 잠에 빠진 그를 깨운 사람들은 충격에 빠지고, 추종자들은 눈물을 흘린다. // 쏟아지는 빗속에서 43명의 남자들이 관을 길로 옮겨 마차에 싣고, 황금별과 대문자 N이 수놓인 보라색 보로 덮는다. // 그로부터 사흘이 지난 1840년 10월 18일, 벨풀호의 닻이 오른다. 황제의 귀향이 시작되었다.

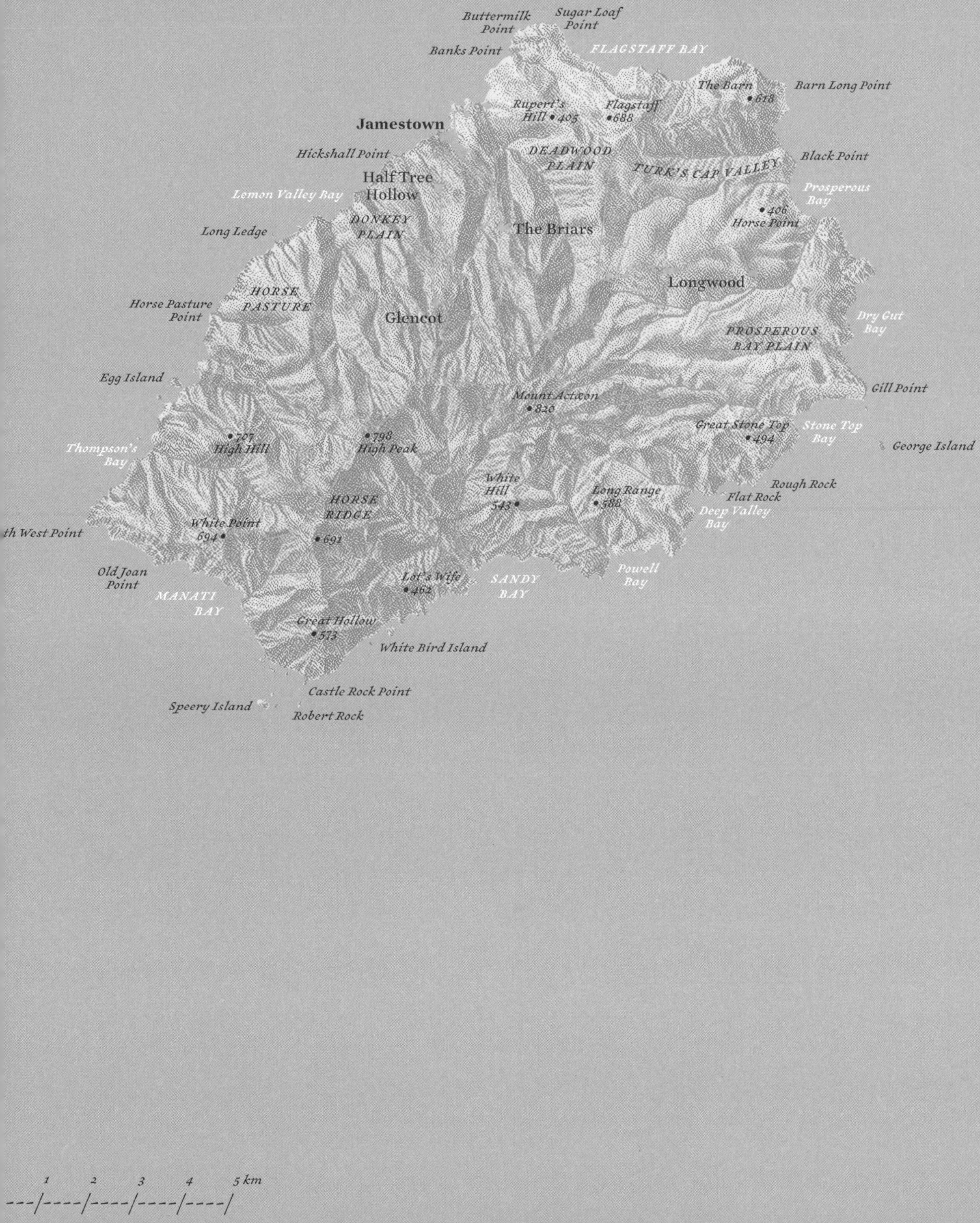

Buttermilk Point
Sugar Loaf Point
Banks Point
FLAGSTAFF BAY
The Barn
618
Barn Long Point
Rupert's Hill 405
Flagstaff 688
Jamestown
DEADWOOD PLAIN
TURK'S CAP VALLEY
Black Point
Hickshall Point
Half Tree Hollow
Lemon Valley Bay
Prosperous Bay
406
Horse Point
DONKEY PLAIN
The Briars
Long Ledge
Longwood
HORSE PASTURE
Horse Pasture Point
Glencot
Dry Gut Bay
PROSPEROUS BAY PLAIN
Egg Island
Gill Point
Mount Actæon
820
Great Stone Top
494
Stone Top Bay
George Island
797
High Hill
798
High Peak
Thompson's Bay
White Hill
543
Long Range
588
Rough Rock
Flat Rock
Deep Valley Bay
HORSE RIDGE
White Point
694
691
th West Point
Old Joan Point
MANATI BAY
Lot's Wife
462
SANDY BAY
Powell Bay
Great Hollow
573
White Bird Island
Castle Rock Point
Speery Island
Robert Rock
1 2 3 4 5 km

54 대서양

20° 30' S
29° 20' W

트린다데섬 (브라질)

포르투갈어 *Ilha da Trindade* [›삼위일체섬‹]

10km² | 거주자 32명

1140 km → 비토리아

1450 km → 리우데자네이루

2540 km → 세인트헬레나 (52)

1890~96년, 영국에 의해 점령되었다.

1502년 5월 18일, 바스쿠 다 가마가 발견했다.

지형학적 측면에서 보면, 이 섬은 가히 재앙이라 할 만하다. 바다를 향해 제멋대로 굽어 있는 이 섬의 모든 것은 골이 깊이 패고 가파르게 경사져 있어, 그 모습이 적대적으로 보인다. 이 섬에서는 행인이 수 미터가 넘는 파도에 휩쓸려가거나, 산사태로 생매장되거나, 분화구에 집어삼켜져 흔적도 없이 사라지는 일이 자주 일어난다. 공동묘지에는 무덤 없는 십자가가 이렇게 사라져버린 사람들을 추모하기 위해 세워져 있다. 여기 이 섬은 인간을 위해 만들어진 곳이 아니다. // 1958년 1월 6일 수요일 한낮, 연구선 알미란테살다나(Almirante Saldanha)호가 닻을 올리기 직전이다. 배에 타고 있던 민간인 가운데 알미로 바라우나(Almiro Barauna)라는 남자가 트린다데섬 남쪽 해안의 전경 사진을 몇 장 찍으려고 갑판으로 나온다. 그때 시각은 12시 15분이다. 그런데 별안간 하늘에서 밝은 빛을 내뿜는 물체가 나타나 섬 쪽으로 가까이 접근한다. 이 물체는 크리스타데갈로곶(Ponta Crista de Galo)을 향해 박쥐처럼 요동치며 날아간다. // 금속 빛을 띠며 날아가는 원반 모양의 이 물체는 녹색 인광을 발하는 옅은 안개에 감싸여 있다. 갑판 위에 있던 장교와 선원들은 흥분하여 반짝이는 점을 가리킨다. 그로부터 30분 후, 바라우나는 마침내 카메라를 집어 들고 뷰파인더를 통해 피사체를 보면서 셔터를 두 번 누른다. 이제 그 물체는 데세자두산(Pico Desejado) 너머로 사라지고 있다. 그리고 몇 시간 후, 고리 모양을 그리며 날아간 그 비행 물체가 또다시 시야에 나타나는데, 아까보다 한층 가까울 뿐 아니라 훨씬 커 보인다. 선장이 서 있는 항해선교에서는 소란이 일어난다. 바라우나는 이리저리 떠밀리면서도 사진 네 장을 더 찍는다. 그리고 약 10초 후, 신비로운 이 비행 물체는 또다시 구름층 속으로 사라져버린다. 이번엔 영원히. // 바라우나의 사진은 노출이 과하게 찍혔다. 여섯 장 중 네 장에는 다양한 비행 자세로 찍힌 미지의 물체가 담겨 있다. 가운데에 고리를 두른 이 물체는 납작하게 눌러놓은 토성처럼 보인다. 배 안의 소란스런 분위기 속에서 제대로 찍지 못한 두 장의 사진에는 비스듬한 난간, 바닷물, 해안가의 거무스레한 바위 이외는 아무것도 보이지 않는다. 사진 속 바위는 바다로 급하게 울퉁불퉁 뻗어 나와 기괴하고 불길하게 보인다. 마치 다른 세계의 것처럼.

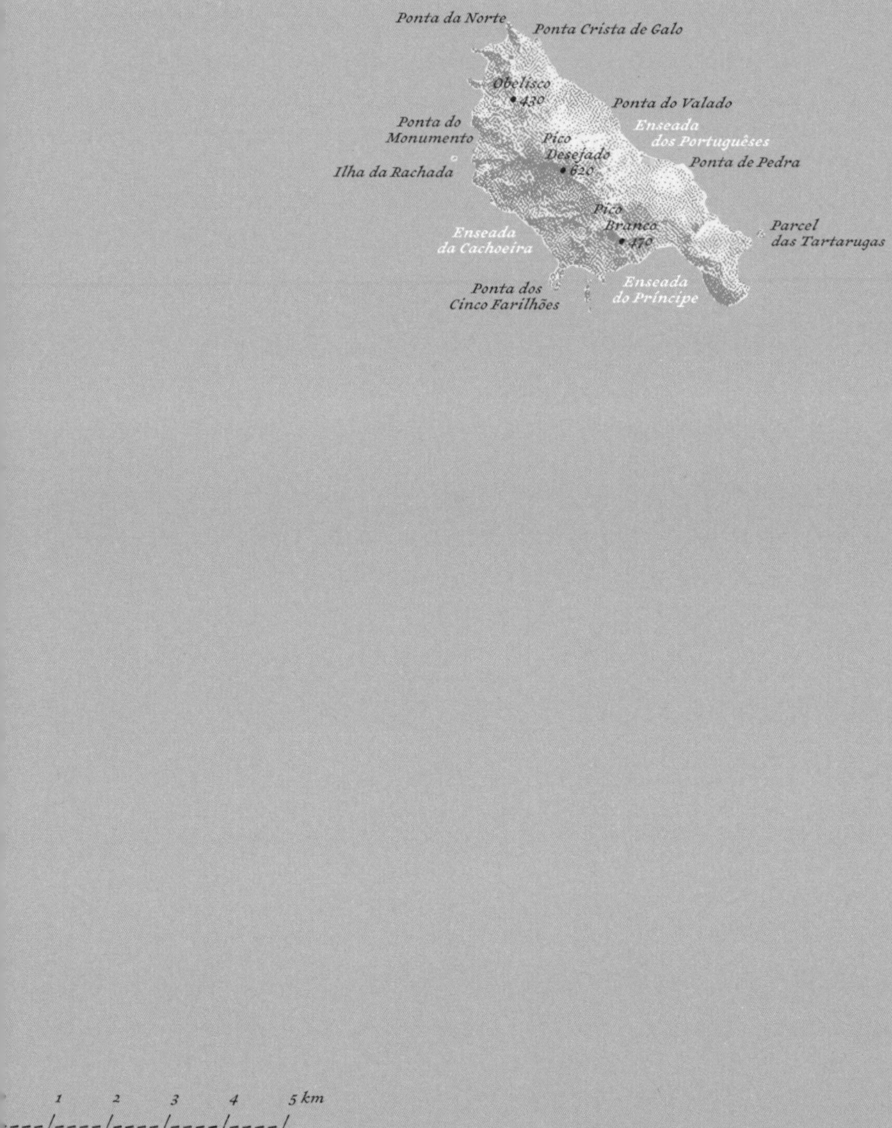
Ponta da Norte
Ponta Crista de Galo
Obelisco
430
Ponta do Valado
Ponta do
Monumento
Enseada
dos Portuguêses
Pico
Desejado
620
Ponta de Pedra
Ilha da Rachada
Pico
Branco
470
Parcel
das Tartarugas
Enseada
da Cachoeira
Ponta dos
Cinco Farilhões
Enseada
do Príncipe
1 2 3 4 5 km

56 대서양

54° 25' S
3° 21' E

부베섬 (노르웨이)

노르웨이어 *Bouvetøya* | **영어 옛 이름** *Lindsay, Liverpool Island*

49km² | 무인도

2510 km → 희망봉

1700 km → 남극

1910 km → 트리스탄다쿠냐 (58)

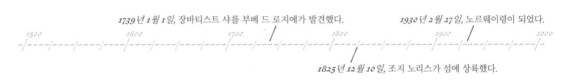

1739년 1월 1일, 장바티스트 샤를 부베 드 로지에가 발견했다.

1825년 12월 10일, 조지 노리스가 섬에 상륙했다.

1930년 2월 27일, 노르웨이령이 되었다.

남아프리카공화국 케이프주 남쪽으로 드넓은 바다가 펼쳐져 있다. 이 바다는 해양학자들이 아직 탐험하지 못한 미지의 장소이다. 아굴라스대륙붕을 넘어서는 측량이 되어 있지 않다. 트로피컬화이트로 칠한 발디비아(Valdivia)호는 50년 넘게 그 어떤 배도 가지 않은 남쪽으로 항로를 잡는다. 영국 해도에는 이 해역이 그려져 있지 않다. 다만, 남위 54도 아래에 부베가 발견한 작은 제도가 있다고 불명확하게 기입되어 있을 뿐이다. 발견 당시 부베는 이곳을 남쪽에 있는 대륙의 곶이라고 생각했다. 부베의 발견 이후 제임스 쿡(James Cook, 18세기 영국의 탐험가)도, 제임스 클라크 로스(James Clark Ross, 19세기 영국의 해군 장교)도, 토머스 무어(Thomas More, 19세기 영국의 해군 장교)도 이곳을 다시 찾아내지 못했다. 이 섬을 본 사람은 포경선 선장 두 명밖에 없었다. 하지만 그들은 이 섬의 위치를 각자 다르게 표시하였다. // 기압계가 내려가고 보퍼트 풍력계급 10의 심한 폭풍이 일어나 배를 멈춰 세운다. 갑자기 하늘이 어두워지고 바닷새가 몰려든다. 머리는 검고 눈꺼풀 주위는 하얀 잿빛 신천옹이 제일 먼저 날아와 풍랑과 맞서 싸우는 증기선의 주위를 조용히, 유령처럼 맴돈다. 마치 흡혈귀처럼. 사방에서 거센 파도가 높이 치솟아 올라 증기선을 덮치고, 그 여파로 선체가 자꾸 기울어 실험실 선반에 놓여 있던 유리컵들이 쏟아져 떨어진다. 기적소리가 반복되어 울리고, 짙은 안개 속에 숨어 있는 빙산이 높고 맑은 메아리로 그 소리에 화답한다. 마침내 발디비아호는 해도에 부베, 린지, 리버풀 세 섬이 표시되어 있는 해역에 도착한다. 하지만 수심 측량 결과는 이곳에 해저능선이 있음을 보여줄 뿐이고, 수평선에 깔린 구름의 벽에 비치는 햇빛이 육지의 환영을 만들어낸다. 섬이 나타날 거란 조짐은 없다. // 1898년 11월 5일 정오, 거대한 빙산이 처음으로 웅장한 모습을 드러낸다. 그리고 오후 3시 30분, 1등 항해사가 *"부베제도가 우리 앞에 있다!"*고 외친다. 그들이 있는 곳에서 우현으로 단 7해리(약 13킬로미터) 떨어져 있는 곳에 처음엔 희미하게, 그러나 이내 뚜렷하게 윤곽이 드러난다. 거기 있는 건 여러 섬으로 이루어진 제도가 아니다. 거친 위엄을 자랑하는, 깎아지른 듯한 섬 하나뿐이다. 어마어마한 만년설의 층인 순수한 얼음과 빙하의 벽이 바다를 향해 쏟아져 내린다. 이 섬이 바로 부베섬, 세 탐험대가 찾지 못했고 거의 75년 동안 사라졌다 다시 나타난 섬이다.

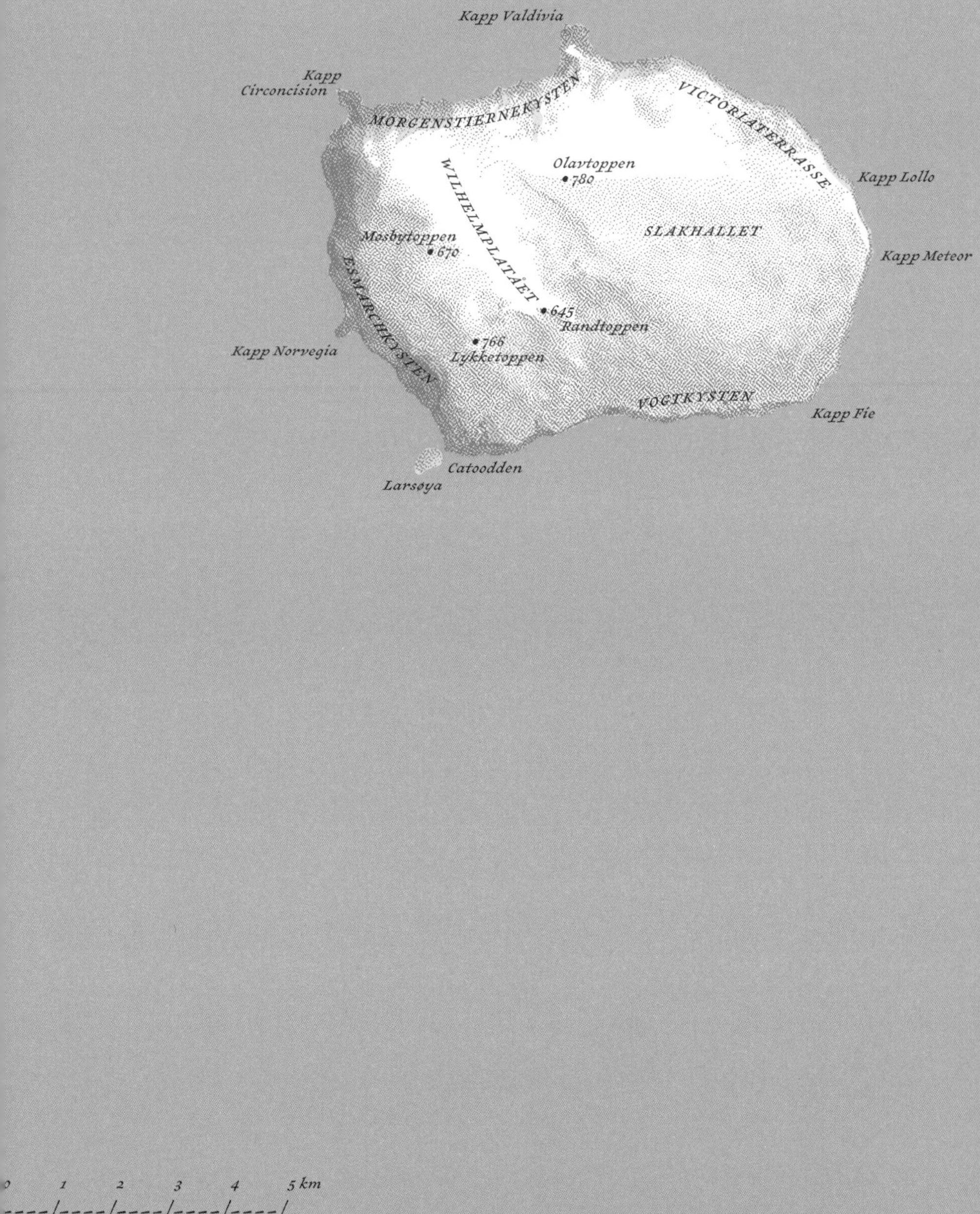

Kapp Valdivia
Kapp Circoncision
MORGENSTIERNEKYSTEN
VICTORIATERRASSE
Olavtoppen
780
Kapp Lollo
WILHELMPLATÅET
SLAKHALLET
Mosbytoppen
670
Kapp Meteor
ESMARCHKYSTEN
645
Randtoppen
766
Lykketoppen
Kapp Norvegia
VOGTKYSTEN
Kapp Fie
Catoodden
Larsøya
0 1 2 3 4 5 km

37° 6′ S
12° 17′ W

트리스탄다쿠냐 (영국)

영어 *Tristan da Cunha*
104km² | 주민 254명

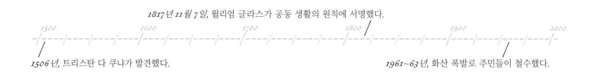

1000 2000 *2770 km* → 희망봉

1000 2000 3000 *3340 km* → 리우데자네이루

410 km → 고프섬 (62)

1500 1600 1700 1800 1900 2000

1817년 11월 7일, 윌리엄 글라스가 공동 생활의 원칙에 서명했다.

1506년, 트리스탄 다 쿠냐가 발견했다.

1961~63년, 화산 폭발로 주민들이 철수했다.

배에서는 혁명이 일어나고, 섬에서는 유토피아가 실현된다. 여기와는 다른 어떤 곳이 어딘가에 존재한다는 생각은 위안이 된다. 독일 계몽주의 부르주아들의 책장에 꽂혀 있는 두 권의 책은 크게 다를 바가 없다. 한 권은 성경이다. 다른 한 권은 2300쪽에 달하는 유토피아 소설로, 바다 한가운데에 자리 잡고 있는 가상의 섬에 관한 이야기인 《펠젠부르크섬(Insel Felsenburg)》이다. 하지만 낙원은 먼 곳에 있다. 어쩌면 천국에 들어가는 일이 남대서양에 위치한 이 섬에 가는 것보다 훨씬 쉬울지도 모른다. 더 나은 세계의 모델이자, 정의로운 사람들의 나라인 이곳을 지배하는 법은 단순하고 명료하다. 모든 사람은 동등하고, 모든 것을 서로 나눠야 하고, 모든 일을 훌륭한 원로 한 명이 감독, 관리한다. 그들은 인간의 행복이 일부일처제에서 이루어진다고 믿는다. 어디 그뿐인가. 섬의 아홉 가족은 자연에서 나는 과일과 포도주 같은 먹거리를 서로 교환한다. 섬의 내륙에는 비밀 통로가 이어지는 동굴들이 있고, 폭포가 하나 있다. 이 섬에 들어올 수 있는 사람은 선택받은 선량한 이들뿐이다. 나쁜 사람, 악한 의도를 가진 사람들은 반드시 거친 바다에 빠져 죽는다. 그러나 이곳에 난파되어 머물고자 하는 사람은 자신의 삶을 마치 타인의 이야기처럼 털어놓아야 한다. 바깥 세상에서 실패를 경험한 사람들은 언제나 그렇듯 유토피아에서의 삶에 가장 적합한 사람들이다. 새로운 출발, 근본적으로 예전보다 더 나은 삶, 지금과 다른 '나'를 찾을 수 있다. // 아르노 슈미트(Arno Schmidt, 20세기 독일의 소설가)는 자신은 펠젠부르크섬으로 떠날 수밖에 없다고 생각한다. 그는 트리스탄다쿠냐가 곧 펠젠부르크섬이라고 믿는다. 요한 고트프리트 슈나벨(Johann Gottfried Schnabel)의 소설이 출간되고 100년이 지난 후, 윌리엄 글라스(William Glass)가 자신을 따르는 이들과 함께 트리스탄다쿠냐에 소박한 공산주의 사회를 꾸린 것이다. 슈나벨이 소설에서 예견한 것과 똑같은 방식으로. 아르노 슈미트는 《펠젠부르크섬》의 무삭제판과, 이 머나먼 섬의 땅 한 뙈기를 원한다. *"이 섬은 세상의 많은 섬 가운데 가장 기묘한 곳이다. 이 섬이 매우 흥미로운 곳이라는 걸 증명해 보일 수 있는 나에게, 그들은 함께 살 권리를 부여해야 할 것이다. 작은 무선통신소 바로 옆 20에이커(약 8만 평방미터)의 땅이면 적당하지 않을까? 80평방미터 넓이의 골함석 오두막집도 함께. 섬으로 가는 데 드는 비용은 내가 지불할 것이다."* 그러나 슈미트는 니더작센의 황야를 떠나지 않고 계속 그곳에 머문다. 트리스탄다쿠냐에서는 포도주가 난 적이 없다. 그리고 펠젠부르크섬은 아직도 지도에 모습을 드러내지 않고 있다.

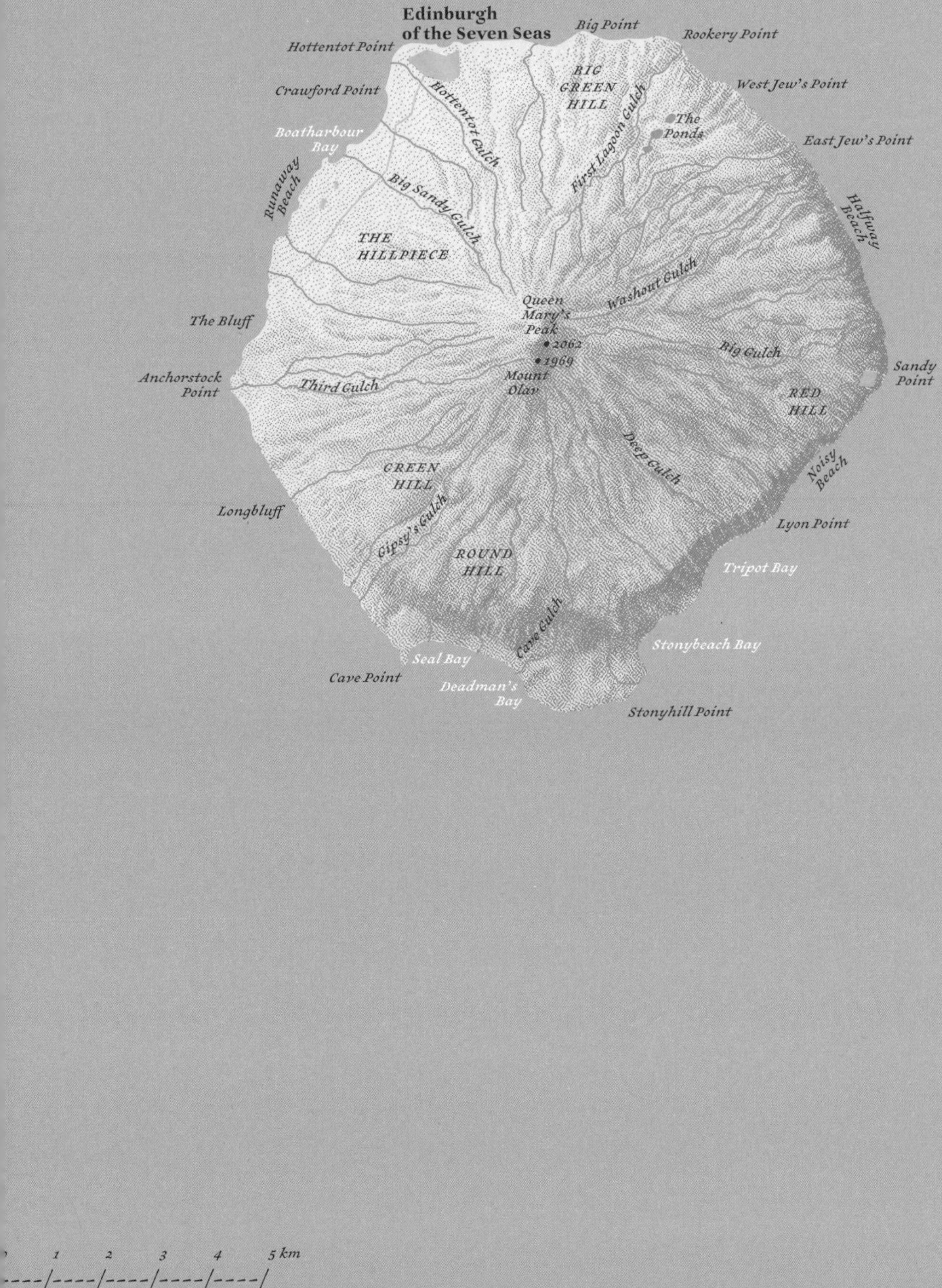
Edinburgh
of the Seven Seas
Big Point
Rookery Point
Hottentot Point
BIG
GREEN
HILL
West Jew's Point
Crawford Point
Hottentot Gulch
First Lagoon Gulch
The
Ponds
Boatharbour
Bay
East Jew's Point
Runaway
Beach
Big Sandy Gulch
Halfway
Beach
THE
HILLPIECE
Washout Gulch
Queen
Mary's
Peak
The Bluff
2062
1969
Big Gulch
Sandy
Point
Anchorstock
Point
Third Gulch
Mount
Olav
RED
HILL
Deep Gulch
GREEN
HILL
Noisy
Beach
Longbluff
Gipsy's Gulch
Lyon Point
ROUND
HILL
Tripot Bay
Cave Gulch
Stonybeach Bay
Seal Bay
Cave Point
Deadman's
Bay
Stonyhill Point
1
2
3
4
5 km

60 대서양

59° 27' S
27° 18' W

서던툴레 *사우스샌드위치제도* (영국)

영어 *Southern Thule*
36km² | 무인도

740 km → 사우스조지아
1400 km → 남극
960 km → 로리섬 (146)

1775년 1월 31일, 제임스 쿡이 발견했다.
1976~82년, 아르헨티나에 의해 점령되었다.

로마인들은 그들의 평평한 세상의 끄트머리를 '툴레'라고 불렀다. 그래서, 지금 그곳은 어디에 있는가? 모든 국경의 바깥, 남극권에 있다. 세상 끝이 바로 앞에 있음을 알려주는 가장 가까운 표지는 한참 북쪽에 있는 섬이고, 이곳까지의 바다는 칠흑 같고 거칠다. 누구도 가고 싶어 하지 않는 길이지만, 그래도 가겠다면 얼어붙은 바다를 꼬박 하루 항해해야 한다. // 제임스 쿡 선장은 남쪽으로 두 번째 탐험을 떠난다. 그가 기필코 찾아내고자 하는 곳은 테라 오스트랄리스(Terra Australis), 세계지도 위에 엄청나게 크게 그려져 있는 가상의 대륙이다. 기후가 온화하고 천연자원이 풍부하며 문명화된 사람들이 사는 곳, 이미 전 세계에 유명하지만 아직 발견되지 않은 곳이다. // 1775년 1월, 쿡 선장의 레졸루션(Resolution)호는 남쪽 얼음바다로 네 번째 항해를 떠난다. 그러나 이번에도 그들은 어마어마하게 펼쳐진 얼음덩어리와 바다 위를 둥둥 떠다니는 유빙 때문에 뱃머리를 돌려 되돌아온다. 남위 60도에서 몇 마일 떨어진 곳에서 다시 북쪽으로 방향을 돌리자, 배에 타고 있는 모든 선원들의 얼굴에 기쁜 빛이 돈다. 그들은 안개 낀 축축한 날씨와 혹독한 추위에 얼어붙은 닻, 돛, 삭구를 다루는 일, 끊임없이 찾아오는 동상과 류머티즘 통증에 진저리가 나 있던 터다. 몇몇은 지쳐 탈진한 나머지 급기야 실신하여 하루 종일 깨어나지 못하기도 한다. // 그런 와중에 별안간 그들은 깎아지른 검은 절벽과 구멍으로 가득한 섬과 마주한다. 절벽의 위쪽에는 바다가마우지가 살고, 아래쪽에는 거친 파도가 일렁이고 있다. 산들은 두터운 구름에 덮여 있고, 그 위로 흰 눈에 덮인 하나뿐인 봉우리가 우뚝 솟아 있다. 높이는 적어도 2마일(약 3.2킬로미터)은 되어 보인다. 배로 5해리(약 9킬로미터)를 지나자, 그늘 앞에 또 다른 산 하나가 나타난다. 남쪽 끝에서 찾은 이 황량한 땅은 어쩌면 그들이 그렇게 찾던 대륙의 북쪽 끝 조각인지도 모른다. 그리고 그 대륙은 절대 녹지 않는 만년설과 얼음으로 뒤덮인 황무지로, 음산하고 춥고 무시무시해서 그다지 쓸모가 없는 곳일 게 분명하다. 칠흑 같은 어둠 속에서 그들은 그 세계를 자연의 섭리에 맡기고 떠나간다. 이곳이 바로 새로운 툴레, 세계의 또 다른 끝이다.

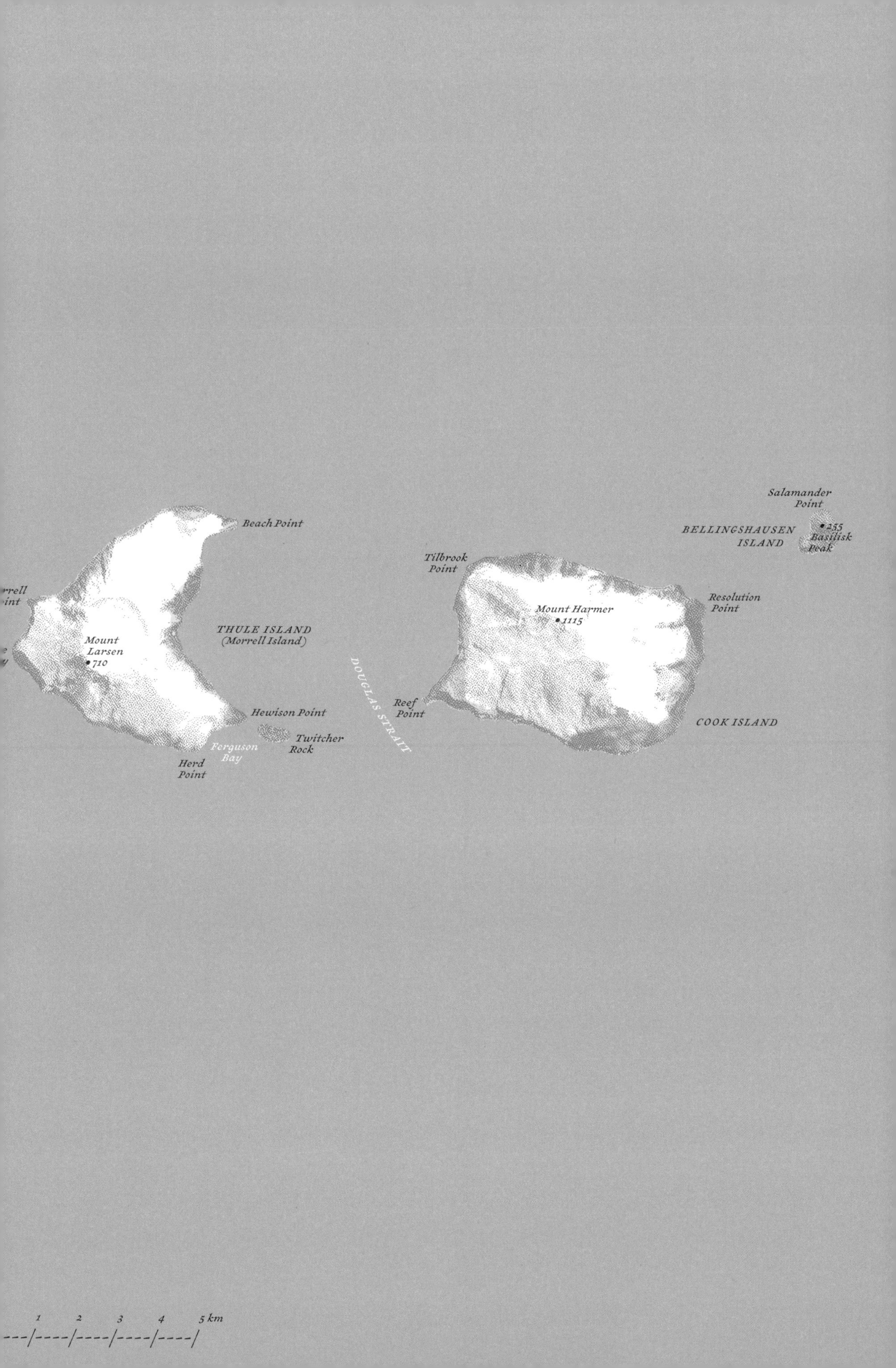
Salamander Point
BELLINGSHAUSEN ISLAND
255
Basilisk Peak
Beach Point
Tilbrook Point
Resolution Point
Mount Harmer
1115
THULE ISLAND
(Morrell Island)
Mount Larsen
710
DOUGLAS STRAIT
Reef Point
Hewison Point
Twitcher Rock
COOK ISLAND
Ferguson Bay
Herd Point
1 2 3 4 5 km

40° 19′ S
9° 57′ W

고프섬 *트리스탄다쿠냐* (영국)

영어 *Gough Island* | **포르투갈어** *Gonçalo Álvares*
65km² | 주민 9명

3600 km → 브라질
2600 km → 남아프리카공화국
2450 km → 서던툴레 (60)

1505년, 곤살루 알바레스가 발견했다.
1675년, 앤서니 데 라 로체가 상륙했다.
1810년, 포경선을 타고 쥐가 들어왔다.
1938년, 영국령이 되었다.
1956년, 남아프리카공화국 기상관측소가 개소되었다.

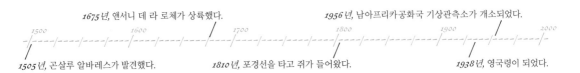

어미와 아비가 오징어, 게, 크릴을 잡으려고 새끼만 남겨 두고 바다로 나가면, 밤에 그들이 찾아든다. 새들이 어디서 알을 낳건 상관없다. 땅 위에서, 바닷가 근처의 울퉁불퉁한 풀밭에서, 저지대 수풀의 양치식물 아래서, 구릉지에서, 바람이 부는 고원의 이탄 황무지에서, 용암동굴이나 험준한 절벽 바위틈에서 그들은 새 둥지를 찾아낸다. 등 아래쪽, 엉덩이, 꼬리털에 감춰진 매끈한 곳도. 그들은 내장이 복부에서 흘러나올 때까지 거죽을, 속살을 야금야금 갉아먹는다. 기생충처럼, 새끼 새를 산 채로 잡아먹는다. // 깃털, 피부, 뼈, 작은 이빨에 패인 알껍데기 등 사체만 남는다. 원뿔 모양의 배설물이 범인을 지목한다. 바로 쥐다. // 인간이 있는 곳에는 쥐도 있다. 적응력이 뛰어난 침략자인 쥐는 인간과 비슷하기에 전 세계 실험실에서 인간을 대신할 뿐 아니라 밀항자 신분으로 이 외딴 곳까지 인간을 따라왔고, 이곳에서 독보적인 포식자로 변신했다. 육지에 사는 친척보다 세 배나 더 큰, 어마어마한 수의 굶주린 쥐들이 매년 무방비 상태의 새끼 새 수백만 마리를 공격한다. 어른 도둑갈매기로부터 피하는 방법을 알고 있는, 몸무게가 1킬로그램이나 나가는 새끼 알바트로스들조차 이 민첩한 적을 강 건너 불구경하듯 바라만 본다. 누구도 쥐에 대비하지 못했다. 수명이 길고 늦게 성장하는 이 새들은, 환경에 적응해 심지어 남쪽 해안에 사는 북부바위뛰기펭귄 아성체를 집어삼킬 정도로 거대한 아종을 만들어내고 있는 이 쥐들을 절대로 따라잡지 못한다. // 하지만 그들의 성공은 동시에 자신들에게도 재앙이다. 어느새 헬리콥터가 구름으로 뒤덮인 산꼭대기를 선회하며 초목이 울창하고 울퉁불퉁한 땅에 독이 든 미끼를 뿌려댄다. 쥐 없는 미래를 위해, *세계에서 가장 교란이 덜 된 생태계를 보존하기 위해.*

North Point
Cave Cove
Cone Islet
Lot's Wife Cove
Church Rock
Fishpot
Isolda Rock
587
Triple Peak 634
811 Nigel's Cap
Tavistok Crag 640
Battle Bay
411
Hawkins Bay
710 Sea-hen Crag
Penguin Islet
Tristania Rock
Expedition Peak 909
602
The Glen
Reef Point
539
Edinburgh Peak 910
West Point
False Peak 757
611
Milford Bay
TARN MOSS
Baltic Bay
Royalist Point
Seal Bay
Hag's Tooth 692
Mount Rowett 836
Quest Bay
Sea Elephant Bay
ALBATROSS PLAIN
Haulround Point
South Peak 760
Luff Point
Gaggins Point
The Admiral
Green Hill 570
Meteorological Station
Scott's Cove
Transvaal Bay
Saddle Islet
Richmond Hill 210
Repetto Bay
Cavern Head
Rockhopper Point
Snug Harbour
South West Islet
South Point
1 2 3 4 5 km

인도양

INDIAN OCEAN

노스센티널
에고가르시아
크리스마스섬
사우스킬링제도
암스테르담섬
생폴섬

38° 43' S
77° 31' E

생폴섬 (프랑스)

프랑스어 *Île Saint-Paul*

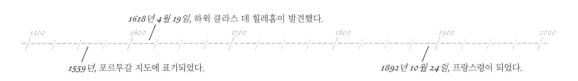

7km² | 무인도

3010 km → 남극

4290 km → 남아프리카공화국

2260 km → 포세시옹섬 (70)

1559년, 포르투갈 지도에 표기되었다.

1618년 4월 19일, 하위 클라스 데 힐레흠이 발견했다.

1892년 10월 24일, 프랑스령이 되었다.

1871년 6월 18일, 영국 우편선 메가에라(Megaera)호가 분화구로 들어가는 바다에 떠 있는 해빙에 좌초한다. 난파한 선원들은 가까스로 해안에 도착해 목숨을 건진다. 그리고 그곳에 사는 두 명의 프랑스인이 그들을 반긴다. 그러나 부르봉섬(Île Bourbon, 인도양에 있는 프랑스령인 레위니옹섬의 옛 이름) 출신인 그 두 프랑스인은 영어를 한 마디도 하지 못한다. // 둘 중 한 남자는 자신을 '총독'이라고 소개하는데, 서른 살이고 한쪽 다리를 전다. 반면 자신을 '부하'라고 소개한 다른 남자는 총독이라는 남자보다 다섯 살 어리며 체격이 매우 건장하고 가파른 암벽도 거뜬히 타는 뛰어난 암벽 등반가이다. 부하가 난파당한 사람들을 흔쾌히 섬으로 안내하는 사이, 총독은 분화구 가장자리에 있는 오두막집 앞에 웅크리고 앉아 있다. 총독에 대해 부하는 늘 '아주 훌륭한 사람'이라고 한다. 그러나 총독은 언제나 자신의 부하를 '아주 나쁜 사람'이라고만 한다. 이 두 남자는 도무지 어울리지 않는 사람들이다. 그런데도 그들은 프랑스 책들이 보관된 작은 도서관이 딸린, 나무로 만든 자그마한 오두막집에 함께 살고 있다. 오래전부터 이 둘은 떨어질 수 없는 한 쌍처럼 살고 있다. 이 섬에서 이 두 남자가 하는 일은 물이 찬 분화구에 정박해 있는 작은 배 네 척을 살피고, 오가는 포경선에 관해 기록하는 것이다. 한 달 월급은 40프랑이다. 그러나 무시무시한 폭풍과 짙은 안개 탓에 뱃사람들이 두려워하는 해역에 있는 이 섬에 오는 이는 거의 없다. // 이 섬에 서식하는 잡아 먹을 수 있는 동물이라곤 오리, 들쥐, 들고양이뿐이다. 그리고 잎이 시금치와 비슷하게 생긴 식물 외에는 이끼, 양치식물, 들풀만이 자란다. 1년에 한 번은 엄청난 펭귄 떼가 이곳으로 와서 바위틈의 듬성듬성한 풀덤불에 알을 낳는다. 이 큰 새들은 가슴은 희고 등은 회색이며, 눈동자는 반짝이는 핑크색이고 머리에는 황금색 깃털이 달려 있다. 펭귄들은 인간을 무서워하지 않는다. 펭귄 고기는 맛도 없다. // 과거 이 섬에는 물라토(mulato, 흑인과 백인 사이에서 태어난 혼혈인) 한 명이 프랑스인 두 명과 함께 살았다. 즉, '좋은' 프랑스인, '나쁜' 프랑스인과 함께 말이다. 그런데 이 둘이 물라토를 살해한 다음 그 시체를 먹고, 남은 유해는 지금 두 남자가 사는 그 오두막집에 숨겨뒀다고 한다. '총독'이 밤낮으로 지키는 바로 그 오두막집에.

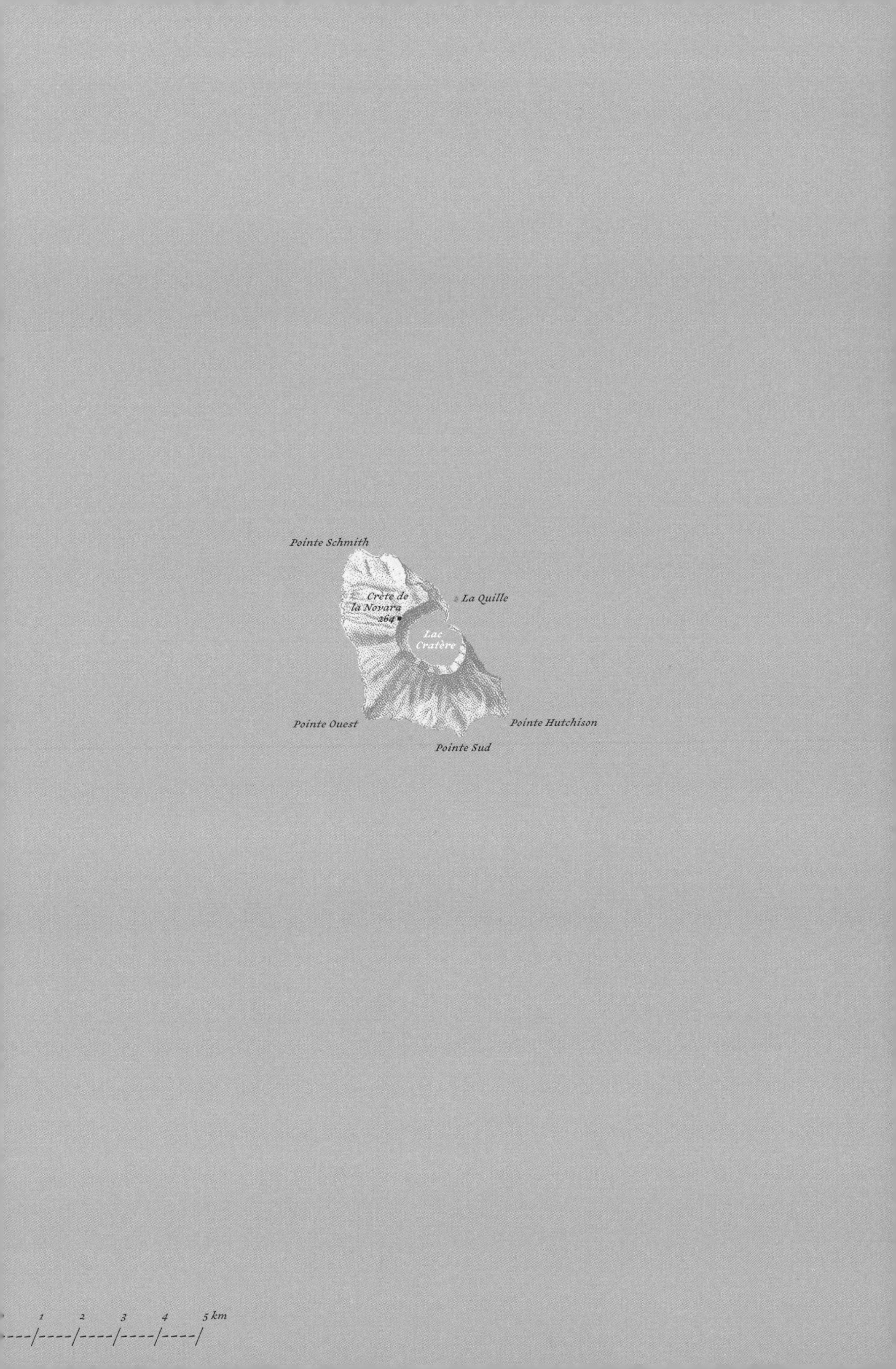
Pointe Schmith
Crète de
la Novara
264
La Quille
Lac
Cratère
Pointe Ouest
Pointe Hutchison
Pointe Sud
1
2
3
4
5 km

12° 10' S
96° 52' E

사우스킬링제도 (오스트레일리아)

영어 *South Keeling Islands, South Cocos Islands*

13.1km² | 주민 544명

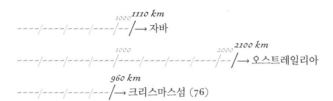

1110 km → 자바

2100 km → 오스트레일리아

960 km → 크리스마스섬 (76)

1609년, 윌리엄 킬링이 발견한 것으로 추정된다.

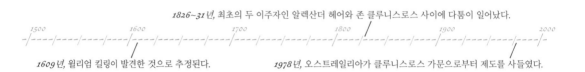

1826~31년, 최초의 두 이주자인 알렉산더 헤어와 존 클루니스로스 사이에 다툼이 일어났다.

1978년, 오스트레일리아가 클루니스로스 가문으로부터 제도를 사들였다.

비글(Beagle)호는 12일째 초호(lagoon)에 정박해 있다. 이곳의 잔잔한 바닷물은 거품을 내며 부서지는 파도에 감싸이고, 환초로 둘러싸여 있다. 찰스 다윈(Charles Darwin)은 이 섬 곳곳을 돌아다니며 동식물 표본을 수집하고, 식생의 다양성을 연구한다. 이런 작업을 통해 다윈은 수집한 식물들을 20종, 19속, 16과로 분류해낸다. 그가 이곳에서 수집한 식물은 모두 바다가 실어온 떠돌이 씨앗의 자손들이다. 이 섬은 둥글게 닳은 산호 조각들로 이루어져 있다. 섬 곳곳에는 근처 해변에서 훔쳐온 조개껍질을 등에 짊어지고 있는 소라게 무리가 바글바글하다. // 1836년 4월 4일, 이날따라 바다가 유난히 고요하다. 그래서 다윈은 섬 가장 바깥쪽에 있는 '죽은 바위'를 지나, 망망대해의 파도가 부딪쳐 부서지는, 산호의 살아 있는 벽이 있는 곳까지 가볼 용기를 낸다. 파도를 막아주는 이 벽 안쪽에는 다양한 산호 무리가 번창한다. 수면 위 햇빛 아래서는 바싹 말라 시들고 말, 다채로운 빛깔의 연약한 해저 생물이다. 이 꽃처럼 생긴 생물은 도저히 막아낼 수 없을 것 같은 격렬한 파도를 고스란히 맞고 있다. 산호는 서로 힘을 합쳐 이 사나운 파도에 저항하며 싸워나간다. // 산호들은 본래는 원뿔 모양 화산 주변에 살고 있었다. 그런데 화산이 바다에 가라앉자 산호도 함께 죽고 말았다. 산호가 남긴 것이라곤 대를 이어 쌓아온 석회로 된 골격이 전부였다. 그 위로 붕괴되고 남은 산의 흙더미가, 바람에 실려 온 모래가 쌓였다. 산호의 석회 골격을 바탕으로, 산호가 쉬지 않고 일한 결과물인 섬들이 생겨났다. 산호는 이 섬들의 건축가이자 그 재료이고, 환초는 바다로 가라앉은 섬을 기리는 기념물이다. 작고 연약한 생물이 만들어낸, 피라미드보다 거대한 기적이다. // 비글호가 이곳을 떠나는 날, 다윈은 다음과 같이 기술한다. *"이 제도에 방문한 일을 나는 기쁘게 생각한다. 이곳은 세상에 존재하는 여러 놀라운 곳들 가운데서도 높은 순위에 놓을 만한 곳이다."* 그리고 몇 년 후, 그는 다음의 결론에 이른다. *"'생명의 나무'라는 말보다는 '생명의 산호'라는 말이 더 적절할지도 모르겠다."*

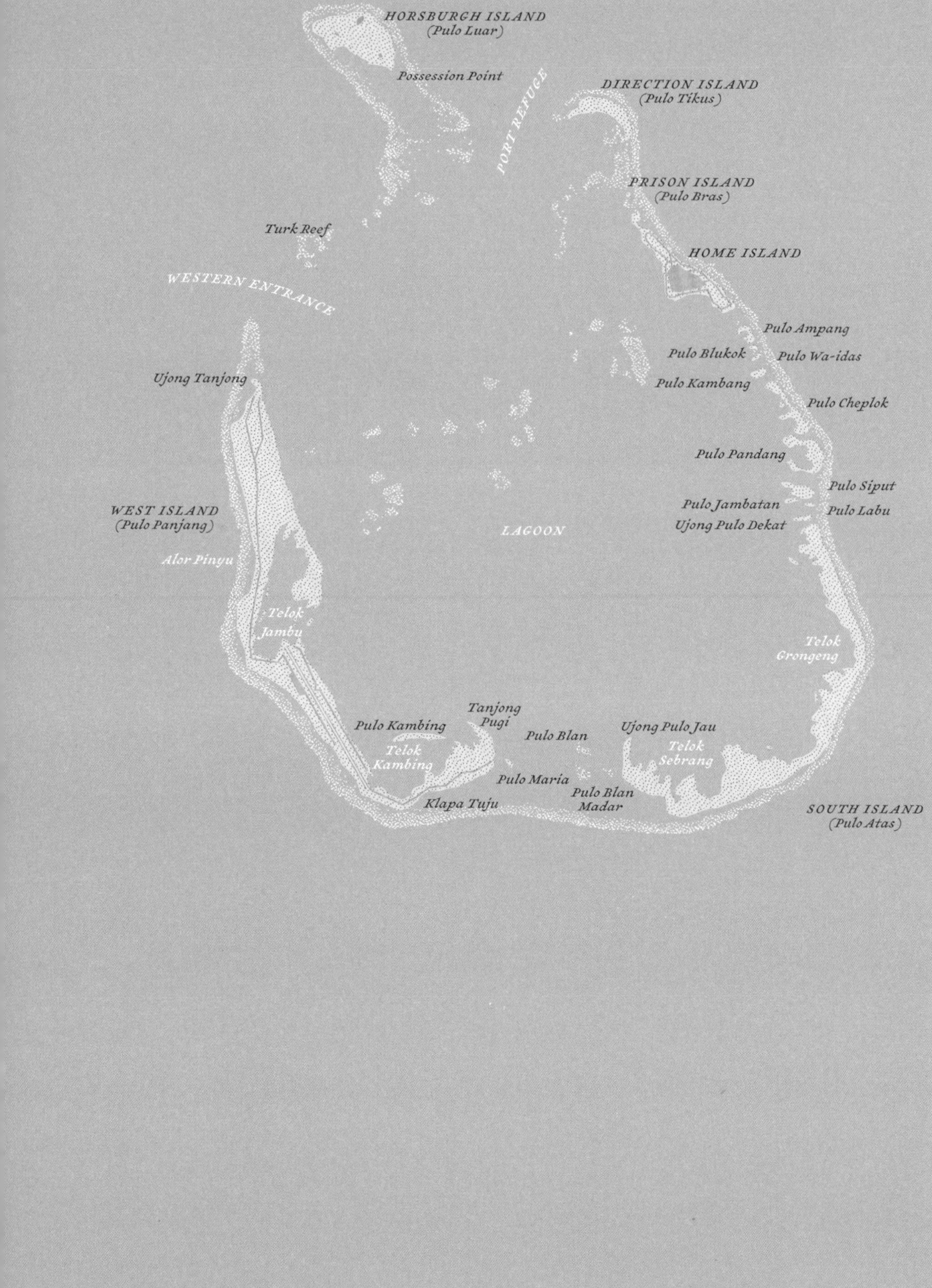
HORSBURGH ISLAND
(Pulo Luar)
Possession Point
PORT REFUGE
DIRECTION ISLAND
(Pulo Tikus)
PRISON ISLAND
(Pulo Bras)
Turk Reef
HOME ISLAND
WESTERN ENTRANCE
Pulo Ampang
Pulo Blukok
Pulo Wa-idas
Ujong Tanjong
Pulo Kambang
Pulo Cheplok
Pulo Pandang
Pulo Siput
Pulo Jambatan
Pulo Labu
WEST ISLAND
(Pulo Panjang)
LAGOON
Ujong Pulo Dekat
Alor Pinyu
Telok
Jambu
Telok
Grongeng
Tanjong
Pugi
Pulo Kambing
Pulo Blan
Ujong Pulo Jau
Telok
Kambing
Telok
Sebrang
Pulo Maria
Pulo Blan
Madar
Klapa Tuju
SOUTH ISLAND
(Pulo Atas)
1
2
3
4
5 km

46° 24' S
51° 45' E

포세시옹섬 *크로제제도* (프랑스)

프랑스어 *Île de la Possession*, 옛 이름 *Île de la Prise de Possession* [›소유의 섬‹]

150km² | 거주자 25~50명

2150 km → 남극

2370 km → 마다가스카르

3460 km → 부베섬 (56)

1964년, 연구소가 세워졌다.

1772년 1월 24일, 마르크조제프 마리옹 뒤 프레스네가 발견했다.

1962년, 프랑스인들은 북쪽 끝의 산지로 떠나는 첫 번째 탐험대에 프랑스가 배출한 가장 위대한 공상의 기술자의 이름을 붙인다. 그 결과, 포세시옹섬의 한 험준한 산, 그리고 달 뒷면의 한 분화구가 쥘 베른(Jules Verne)이라는 동일한 이름을 갖게 된다. 두 장소 모두 쥘 베른이 놀라운 상상 속 여행 중 가보았을 법한 곳들이다. 쥘 베른은 미래를 추억하고 과거를 예언하여 옛날과 내일을 뒤섞고, 가까운 곳과 먼 곳을 강력한 탈것으로 여행할 수 있는 공간으로 만들어 풍성한 이야기를 자아냈다. // 그의 소설은 마치 세계박람회를 관람하는 것과 같았다. 자연사 표본실이었으며, 첨단 기술의 향연이었다. 일상을 위한 백일몽이자, 집에 머무는 이들을 위한 지도책이었다. // 쥘 베른의 소설 속 주인공은 백과사전적인 지식을 습득하여 세계의 비밀을 밝히는 여행을 하는 데 삶을 바치는 소년과 청년들이다. 대표적으로 사이러스 스미스(Cyrus Smith, 쥘 베른의 소설 〈해저 2만 리〉의 주인공)는 다음과 같이 말한다. *"나는 있는 길을 따라가지 않는다. 내 뒤로 길이 생겨난다."* 그리고 바다를 사랑하는 네모 선장도 있다. // 달로의 여행, 지구 중심으로의 여행, 지하세계로의 여행은 인간의 무한한 호기심뿐 아니라 안전에 대한 욕구도 충족시켜준다. 쥘베른산(Mont Jules Verne)에서 남쪽으로 몇 킬로미터 떨어진 곳에 있는 '잃어버린 호수(Lac Perdu)'에서 스틱스(Styx)강이 흘러나와 먼 바다로 향하고, 그 바다는 남극으로 뻗어 있다. // 이 외딴섬에 가는 것은 너무나 힘들다. 아프리카에서 오스트레일리아로 항하는 편서풍의 끊임없는 흐름에 실려 온 배가 섬의 들쭉날쭉한 절벽에 충돌해 산산조각이 난 뒤, 여기저기 널려 있는 현무암에 표착하는 것만이 유일한 방법일지도 모른다. // 그러나 쥘 베른의 비밀스런 섬은 태평양 외딴 곳에 있고, 로빈슨 크루소가 되길 열망하는 어떤 사람이라 해도 살아남기 힘든 곳이다.

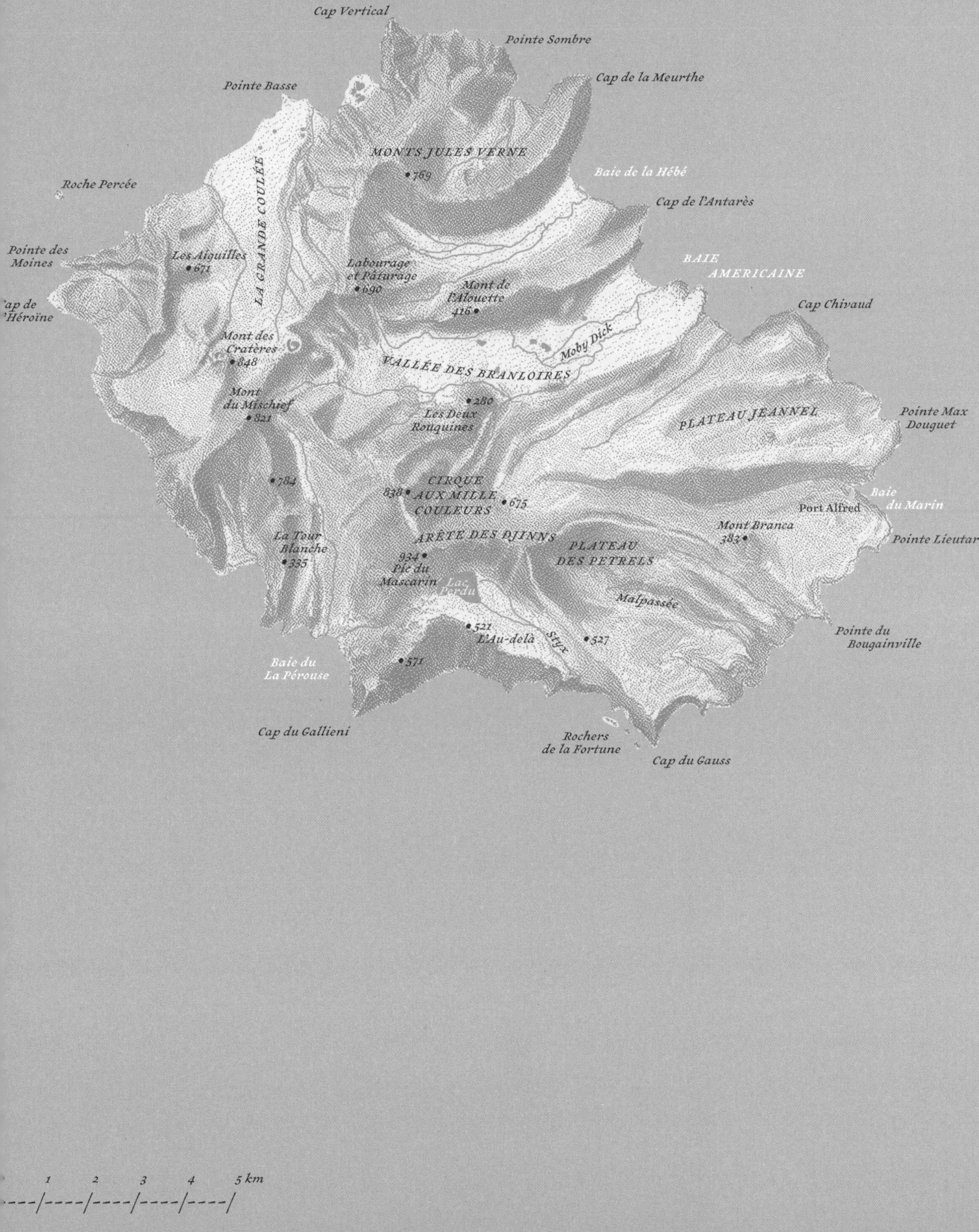
Cap Vertical
Pointe Sombre
Cap de la Meurthe
Pointe Basse
MONTS JULES VERNE
769
Baie de la Hébé
Roche Percée
Cap de l'Antarès
Pointe des Moines
Les Aiguilles
671
LA GRANDE COULÉE
Labourage et Pâturage
690
BAIE AMERICAINE
Mont de l'Alouette
416
Cap Chivaud
ap de
'Héroïne
Mont des Cratères
848
Moby Dick
VALLÉE DES BRANLOIRES
Mont du Mischief
821
280
Les Deux Rouquines
PLATEAU JEANNEL
Pointe Max Douguet
784
838
CIRQUE AUX MILLE COULEURS
675
Baie du Marin
Port Alfred
Mont Branca
383
Pointe Lieutard
La Tour Blanche
335
ARÊTE DES DJINNS
PLATEAU DES PETRELS
934
Pic du Mascarin
Lac Perdu
Malpassée
521
L'Au-delà
Styx
527
Pointe du Bougainville
Baie du La Pérouse
571
Cap du Gallieni
Rochers de la Fortune
Cap du Gauss
1
2
3
4
5 km

7° 18' S
72° 24' E

디에고가르시아 *차고스제도* (영국)

영어 *Diego Garcia*
27km² | 거주자 3,000명

780 km → 몰디브

1780 km → 인도

3020 km → 노스센티널 (80)

1967~73년, 차고스인들이 강제로 이주되었다.

1500년 이후, 포르투갈 뱃사람이 발견했다.

2000년 이래, 섬으로 돌아갈 권리를 두고 법적 분쟁이 이어지고 있다.

포트루이스(Port Louis, 모리셔스의 수도)의 빈민가에서 그들은 귀향을 기다리고 있다. 차고스제도(Chagos Islands)의 원주민들은 고향을, 소박한 낙원에서의 삶을 40년도 더 전에 잃어버렸다. 그들은 인간으로 대우받지 못한 사람들이다. 그들이 당한 일은 부당한 일이며, 식민 제국에 의해 자행된 범죄이며, 눈부신 바다에서 이루어진 더러운 거래이다. 영국 왕실은 300만 파운드를 받는 대가로 모리셔스를 독립시켜주지만, 차고스제도는 계속해서 영유한다. 그러면서 처음에는 50년 기한으로 모든 형제국들 중 가장 큰 나라, 즉 미국에게 이 땅을 임대한다. 임대료는 1년에 1달러이다. // 인도양 한가운데에 지금은 군사기지가 자리 잡고 있다. 이 기지는 세상에서 가장 비밀스러운 곳인데도, 마치 환상적인 휴양지처럼 포장되어 있다. *"적도 아프리카의 동쪽에 위치한 이 섬은 30분짜리 버스 투어면 한 바퀴를 돌 수 있는 곳으로, 짜릿한 모험을 선사합니다. 늘 따뜻한 바다에서는 열대의 바람을 맞으며 서핑을 즐길 수 있고, 200파운드(약 90킬로그램)에 달하는 형형색색의 열대 물고기들을 낚을 수 있습니다. 또한, 관광객들은 물속에 들어가 알록달록한 빛깔의 물고기 수천 마리와 놀 수도 있습니다. 기지에는 클럽과 골프장 이외에도 체육관, 갤러리, 상점, 도서관, 우체국, 두 개의 은행, 예배당이 있습니다. 우리의 모토는 하나의 섬, 하나의 팀, 하나의 미션입니다."* 강제로 추방되어 이주 노동자로 전락한 500가구에 대해서는 누구도 말하지 않는다. 대신, 영국 외교관들은 차고스제도가 무인도였다고 전 세계에 주장한다. // 이 환초는 구부러진 V자 모양으로, 인도양 한가운데에 자리한 '승리'의 상징이다. 그런데 누구를 위한 승리인가? 차고스인들은 영국 여권을 획득할 권리, 재판을 청구할 권리, 그리고 고향으로 돌아갈 권리를 위해 싸우고 있다. 그러나 영국 여왕은 식민 시대의 또 다른 유산인 협정에 서명하고, 이러한 요구는 또다시 묵살당하고 만다. 차고스인들의 고향은 해군과 공군 기지로 이용되는 통제구역으로 남는다. 그 이름은 '캠프 저스티스(Camp Justice)'이다.

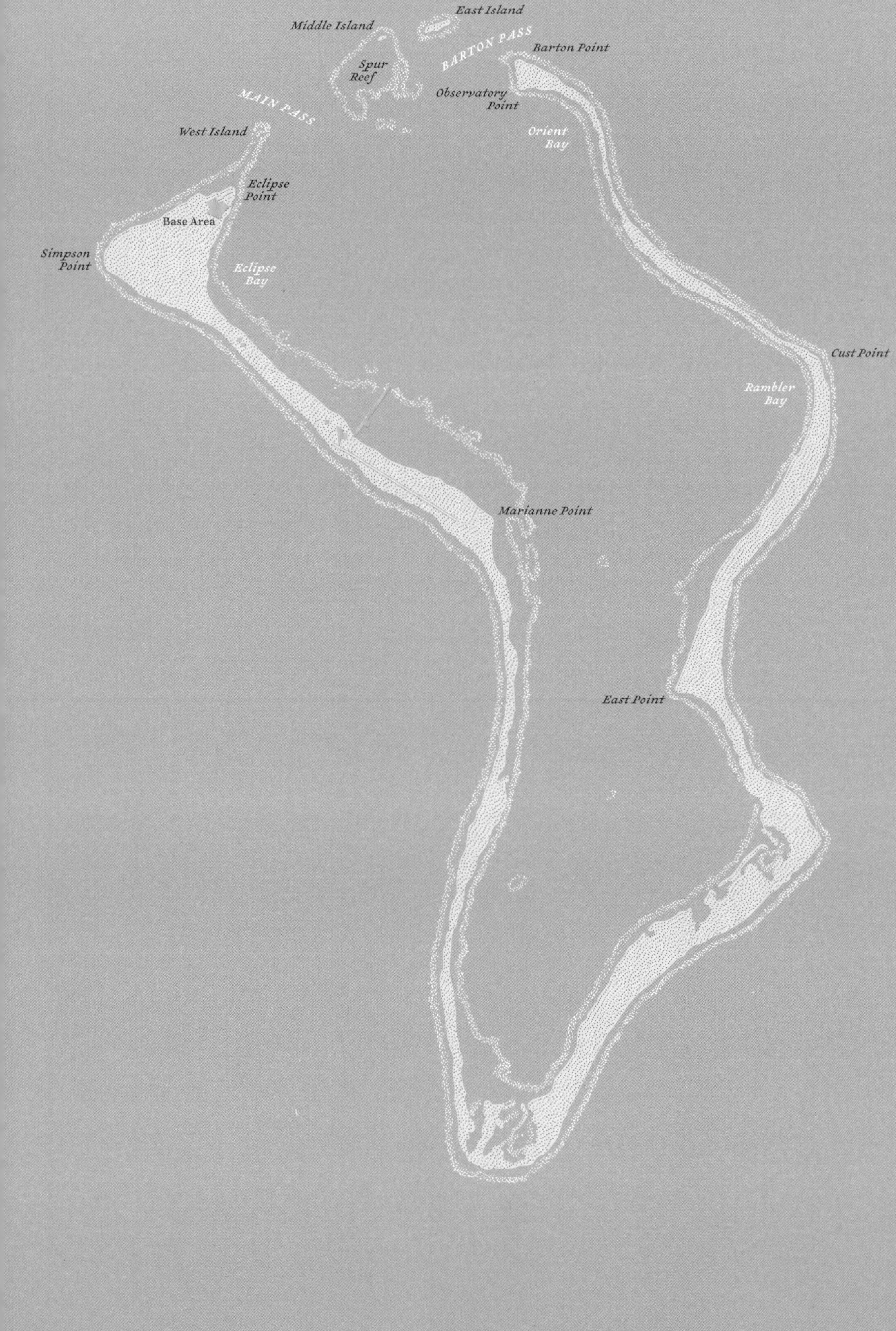
East Island
Middle Island
BARTON PASS
Barton Point
Spur Reef
Observatory Point
MAIN PASS
West Island
Orient Bay
Eclipse Point
Base Area
Simpson Point
Eclipse Bay
Cust Point
Rambler Bay
Marianne Point
East Point
0 1 2 3 4 5 km

37° 50′ S
77° 33′ E

암스테르담섬 (프랑스)

프랑스어 *Île Amsterdam, Nouvelle Amsterdam* [›새로운 암스테르담‹]

58km² | 거주자 25~50명

4290 km /→ 남아프리카공화국

3370 km /→ 오스트레일리아

90 km /→ 생폴섬 (66)

1522년 3월 18일, 후안 세바스티안 데 엘카노가 발견했다.

1633년 3월 18일, 안토니 판 디멘이 니우암스테르담호의 이름을 따서 섬을 명명했다.

1949년, 기상 관측소가 세워졌다.

아무도 이 섬에 정착할 수 없다. 그래서 연구기지의 사람도 계속해서 바뀐다. 어떤 사람들은 몇 달만 머물기도 하지만 대부분은 1년 반을 머무는데, 이 섬을 간단하게 '암스' 또는 '기지'라고 부른다. 이 섬에 영어로 말하는 사람은 없으며, 매일 모두들 악수로 인사를 나눈다. // 이곳에는 배도 없다. 배를 탄다고 해서 어디로 갈 수 있단 말인가? 이 섬은 프랑스라는 나라의 잃어버린 조각, 여러 세계지도에 그저 푸른 바탕 위의 십자로 표시된 아무 곳도 아닌 장소이다. 그 지도들은 셀 수 없이 많은 야한 포스터, 신천옹 사진들과 함께 벽에 붙어 있다. // 들소로 변한 소들은 가시철조망이 쳐진 넓은 목초지에서 풀을 뜯고 있다. 그 아래 바닷가에서는 수컷 물개들이 울고 있다. 이 바닷가에 사는 포유동물들은 바위 위에 둔중하게 버티고 있다. 수컷들은 며칠 후 도착할 암컷들을 차지하기 위해 벌써부터 싸움을 벌이고 있다. 싸움에서 이긴 수컷은 바닷가의 가장 좋은 자리를 차지한다. // '큰도둑갈매기'라는 이름이 붙은 식당에서 48번째 탐험대의 대장이 저녁 식사를 마치고 연설을 하고 있다. *"고립이라는 건 있을 수 없습니다. 암스테르담섬에서도 우리는 큰 바퀴의 톱니바퀴 하나와 같은 존재입니다. 이곳에서도 우리는 우리 자신이 누군지 알려주는 신호를 받습니다."* 그는 스스로를 공상가, 의사, 직업 군인의 순서로 소개하는 인물이다. 그의 사무실은 벽에 핀업 사진이 붙어 있지 않은 유일한 곳이다. 책상 위에는 주민 신분 기록대장이 놓여 있다. 칸이 비어 있어서, 이곳에서 결혼하거나 아이를 낳은 사람이 없음을 보여준다. 암스테르담섬에 1년 이상 머무는 사람은 남프랑스에서 온 의무장교의 진단을 받는다. 긴 기간의 격리 상태와 남자들만 있는 환경에 잘 적응할 수 있는지 여부를 검사하는 것이다. 여자가 이틀 넘게 이곳에 머무른 적은 없다. // 밤이 되면 남자들은 '큰도둑갈매기'의 작은 영상실에 가서 자기들이 소장하고 있는 포르노 영화 중 한 편을 감상한다. 각자 한 줄씩 차지하고서. 헐떡이는 숨소리와 신음소리가 스피커에서 시끄럽게 퍼져나오고, 공기는 발정한 수컷들의 체취로 가득하다.

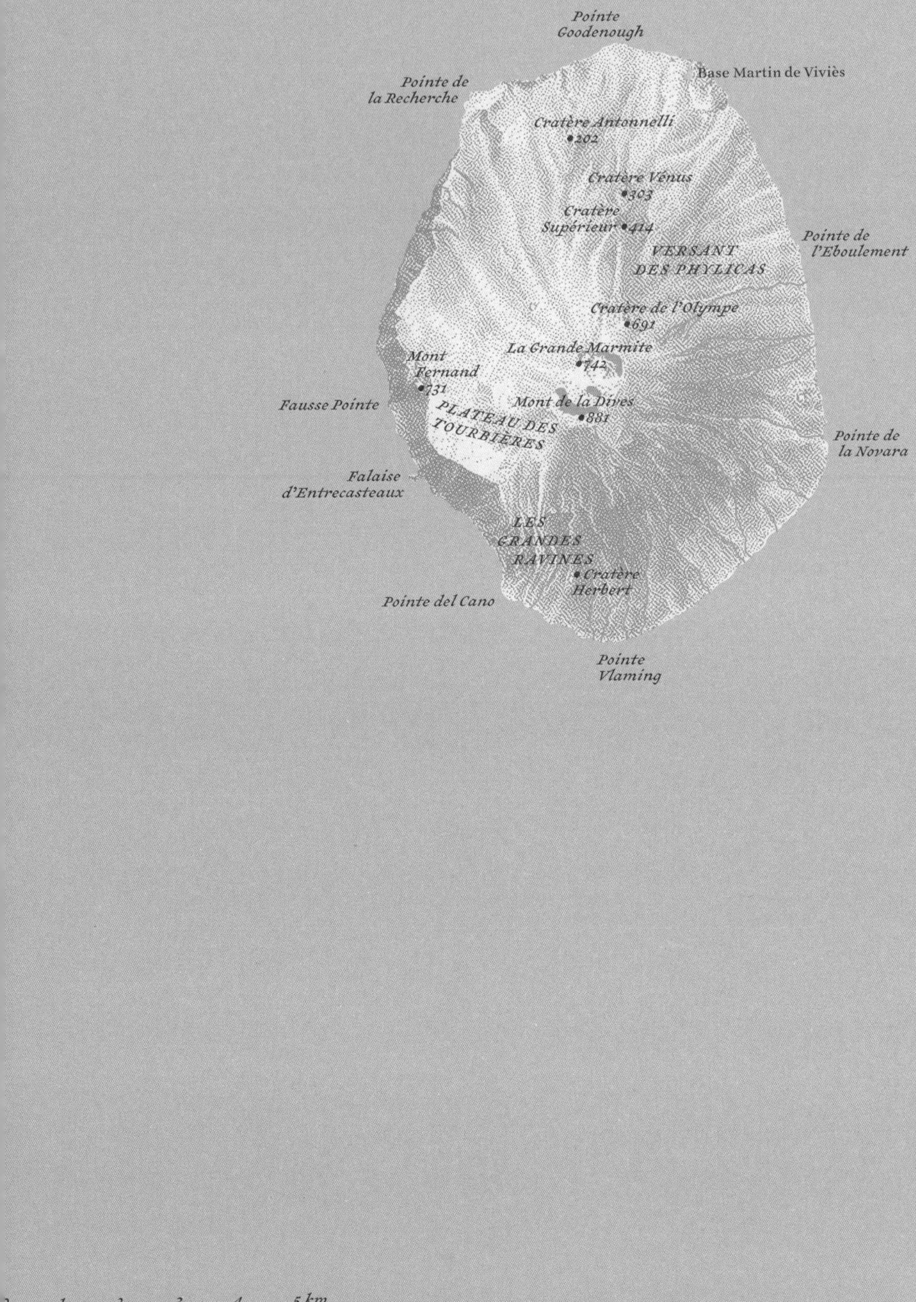

Pointe
Goodenough
Base Martin de Viviès
Pointe de
la Recherche
Cratère Antonnelli
202
Cratère Vénus
303
Cratère
Supérieur
414
Pointe de
l'Eboulement
VERSANT
DES PHYLICAS
Cratère de l'Olympe
691
La Grande Marmite
742
Mont
Fernand
731
Fausse Pointe
Mont de la Dives
881
PLATEAU DES
TOURBIÈRES
Pointe de
la Novara
Falaise
d'Entrecasteaux
LES
GRANDES
RAVINES
Cratère
Herbert
Pointe del Cano
Pointe
Vlaming
0 1 2 3 4 5 km

10° 30' S
105° 38' E

크리스마스섬 (오스트레일리아)

영어 *Christmas Island*

135km² | 주민 1,402명

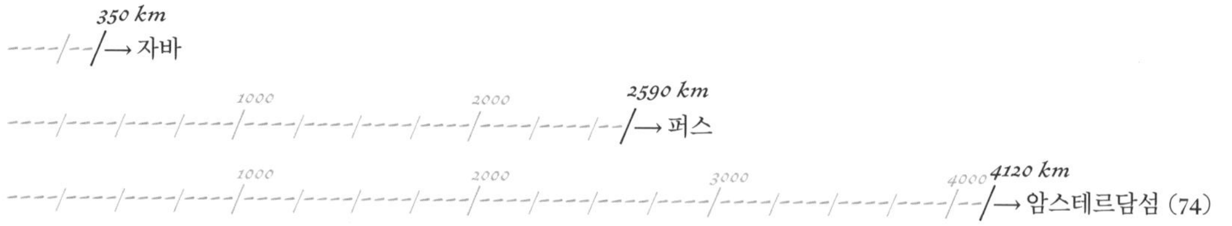

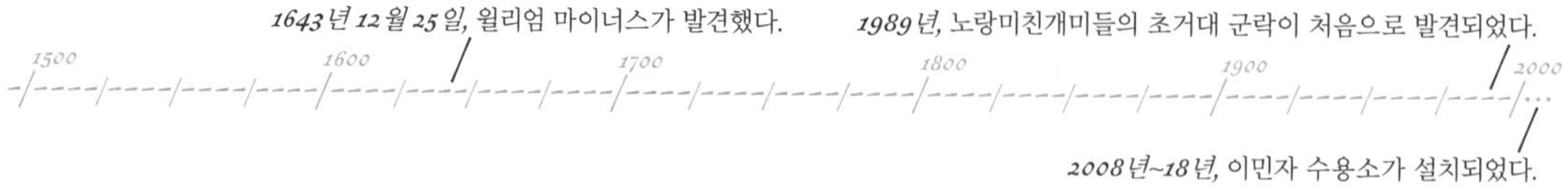

우기가 시작되고, 게들은 동굴에서 나오고 싶은 유혹에 빠진다. 해마다 11월이면 1억 2000만 마리의 게들이 짝짓기를 위해 바다로 향한다. 그러면 섬에는 빨간 양탄자가 펼쳐지기 시작한다. 게들은 수천 번 다리를 옮겨가며 아스팔트와 문턱 위를 기어가고, 담과 바위벽을 오른다. 강력한 집게발 두 개와 가는 다리 여덟 개를 이용해 딱딱한 몸통을 옆으로 밀어 바다를 향해 나아간다. 이처럼 힘들게 바다에 도달한 그들은 초승달이 뜨기 전에 자신들의 검은 알을 파도에 던진다. // 그러나 모든 게들이 목적지에 도달하는 건 아니다. 사방에 적들이 잠복해 있는 탓에. 이 적들이 어디서 왔는지는 아무도 모른다. 노랑미친개미들은 언젠가 불현듯 나타났다. 이 섬에 방문한 인간과 함께 들어왔을 것이다. 이 침략자들은 몸 크기가 4밀리미터에 불과하지만, 가히 파괴적이다. 노랑미친개미들은 자기들끼리는 평화롭게 지낸다. 여왕개미들은 운명적인 조약을 체결해 군락을 하나로 합쳐 초강대국, 제국을 건설한다. 300마리에 달하는 여왕개미는 각자 대규모의 일개미 무리를 거느린다. 일개미들은 휘어진 긴 다리에 노란색 기는 몸통과 갈색 머리를 갖고 있다. // 노랑미친개미들은 나무의 움푹 팬 곳과 갈라진 땅속 깊은 곳에 집을 짓고, 자신들의 먹이인 달콤한 분비물을 만들어내는 곤충들을 키운다. 이 개미들은 몇 초마다 방향을 바꿔가며 미친 듯이 빠르게 움직이고, 그 와중에도 늘 공격 태세를 갖추고 있다. 이 개미 떼의 희생양은 둥지에서 갓 태어난 부비새와 군함새 새끼들, 그리고 바다를 향해 나아가고 있는 붉은 게들이다. 노랑미친개미는 게들의 불타는 듯한 붉은색 등껍질에 개미산을 뿜어낸다. 게들은 처음에는 시력을 잃고, 그 다음에는 껍질의 선명한 붉은색을 잃으며, 사흘 후에는 급기야 죽고 만다. 이것이 크리스마스섬에서 벌어지고 있는 전쟁이다.

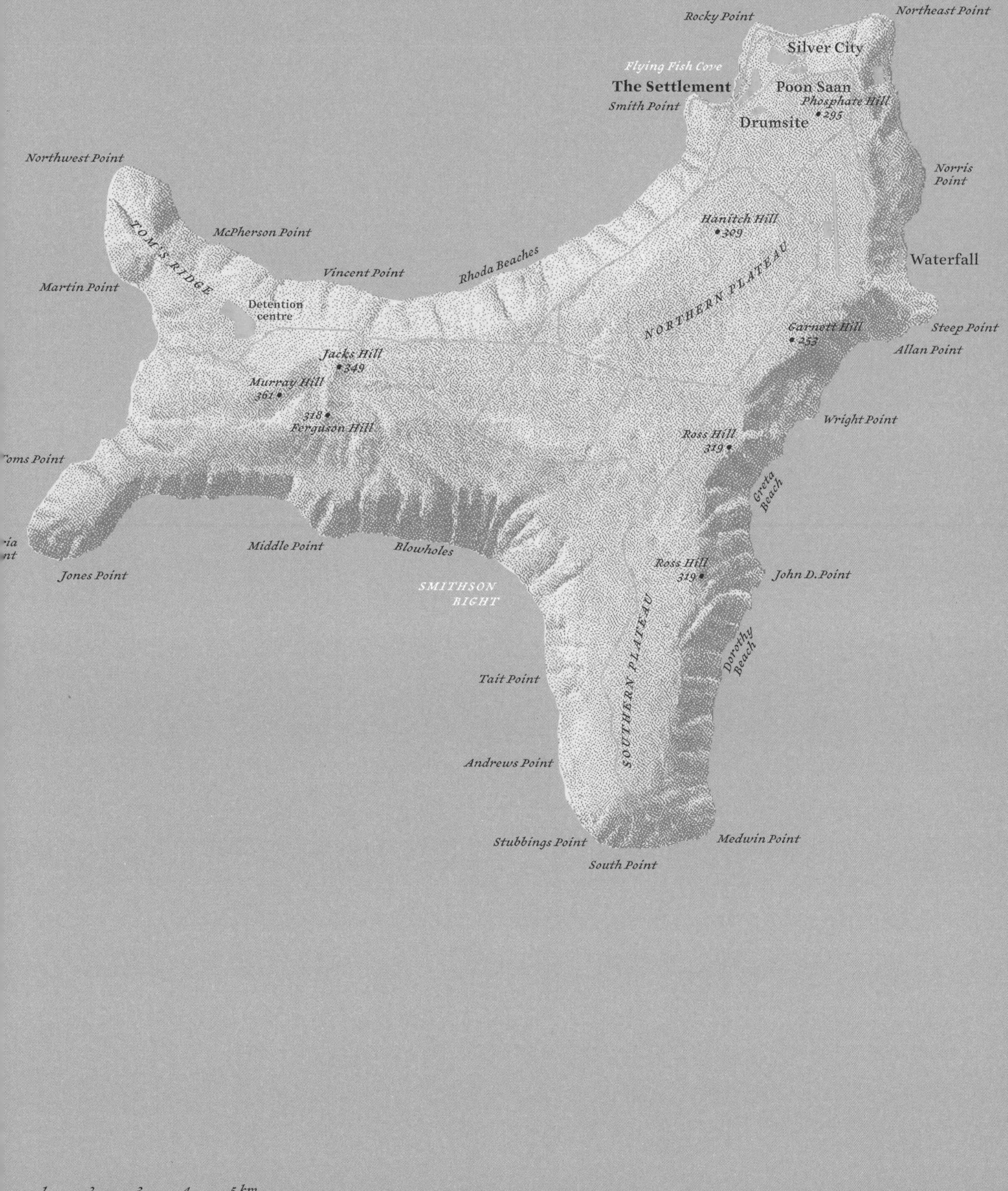

Rocky Point
Northeast Point
Silver City
Flying Fish Cove
The Settlement
Poon Saan
Smith Point
Phosphate Hill
295
Drumsite
Northwest Point
Norris Point
Hanitch Hill
309
McPherson Point
TOM'S RIDGE
Waterfall
Vincent Point
Rhoda Beaches
NORTHERN PLATEAU
Martin Point
Detention centre
Garnett Hill
253
Steep Point
Allan Point
Jacks Hill
349
Murray Hill
361
318
Ferguson Hill
Wright Point
Ross Hill
319
Toms Point
Greta Beach
Middle Point
Blowholes
Ross Hill
319
John D. Point
Jones Point
SMITHSON BIGHT
Dorothy Beach
Tait Point
SOUTHERN PLATEAU
Andrews Point
Stubbings Point
Medwin Point
South Point
1
2
3
4
5 km

15° 53' S
54° 31' E

트로믈랭 (프랑스)

프랑스어 *Tromelin*, 옛 이름 *Île des Sables* [›모래섬‹]
0.8km² | 거주자 3명

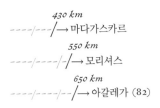

430 km → 마다가스카르
550 km → 모리셔스
650 km → 아갈레가 (82)

1722년, 브리앙 드 라 푀이에가 발견했다.
1761년 7월 31일, 위틸호가 난파되었다.

1760년 11월 17일, 동인도회사의 선박 위틸(Utile)호는 마스카렌제도(Mascarene Islands, 마다가스카르 동쪽 인도양에 있는 제도)로 가기 위해 프랑스 남서부의 항구 바욘을 떠난다. 마다가스카르에 도착한 위틸호는 그곳에 닻을 내리고 식량을 보급한다. 그리고 위틸호의 장 드 라 파르그(Jean de La Fargue) 선장은 총독의 명령을 어기고 노예 60명을 배에 태운다. 프랑스섬(Île de France, 지금의 모리셔스)에 도착하면 배 안에 실은 다른 물건들과 마찬가지로 팔아넘기기 위해서다. 그러나 마스카렌제도로 가는 길에 폭풍우를 만난 위틸호는 항로를 벗어나 어느 한 작은 섬의 암초에 부딪쳐 난파하고 만다. 길이 약 2킬로미터, 너비 800미터의 이 섬은 야자나무 몇 그루가 서 있는 모래톱에 지나지 않아 이름도 '모래섬'이다. 난파된 배에서 살아나온 사람들은 대부분 심한 부상을 입거나, 초죽음이 된 상태다. // 생존자들은 난파선의 파편으로 작은 배를 만들기 시작한다. 그리고 두 달 뒤 배가 완성된다. 배에 빼곡히 올라탄 프랑스 선원 122명은 구조선을 보내겠나는 약속을 남기고 영원히 사라져버린다. 섬에 남겨진 건 노예들뿐이다. 그들은 이제 자유의 몸이다. 그러나 그 자유라는 게 1제곱킬로미터도 되지 않는다. 지금껏 어느 때보다도 더 '갇힌' 몸이 된 그들은 살고자 하는 의지로 불타오른다. 불을 피우고, 우물을 파며, 깃털로 옷을 만들어 입고, 바닷가에서 바닷새와 거북이, 갑각류를 잡아먹으며 하루하루를 살아간다. 많은 이들은 절망에 빠져 뗏목을 만들어 타고 바닷물에 휩쓸려 어딘지도 모르는 곳으로 정처 없이 떠밀려 간다. 한 조각 모래땅에 갇혀서 희망에 목숨을 맡기는 것보다는 무엇이든 해보는 게 낫다고 생각한 것이다. 섬에 남은 사람들은 자신들이 피운 불이 꺼지지 않도록 보살핀다. 15년이 지나도 이 불은 여전히 꺼지지 않고 있다. 60명의 '자유로운' 노예 가운데 섬에 남은 사람은 일곱 명의 여자들, 아직 젖도 떼지 못한 갓난아이뿐이다. 1776년 11월 29일, 코르벳함 라도팽(La Dauphin)호의 선원들이 섬에 남은 이들을 발견하고 배에 태워 프랑스섬으로 데려간다. '모래섬'을 떠나오면서 이들이 남긴 거라곤 꺼진 불의 숯과 자신들을 구해준 구원자인 코르벳함 선장의 이름뿐이다. 그의 이름은 슈발리에 드 트로믈랭(Chevalier de Tromelin)이다.

Station météo
Barrière
des récifs
1 2 3 4 5 km

80 인도양 | 벵골만

11° 33' N
92° 14' O

노스센티널 *안다만제도* (인도)

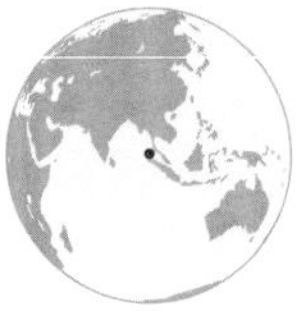

영어 *North Sentinel* | 옹게인어 *Chia daaKwokweyeh*

60km² | 주민 수 미상

1250 km → 스리랑카

50 km → 포트블레어

2670 km → 사우스킬링제도 (68)

기원전 24,000년 이후 인간이 정착했다.

1771년 7월 31일, 존 릿치가 발견했다.

1879/80년, 모리스 비덜 포트먼이 원주민들을 납치했다.

1967~96년, 인도 정부가 접촉을 시도했다.

2018년, 존 앨런 차우가 죽었다.

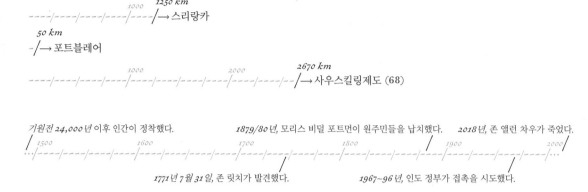

정오쯤, 존 앨런 차우(John Allen Chau)가 섬의 남서쪽 만을 건너가며 검정색 속옷 차림으로 설교하기 시작한다. 해안가엔 나무껍질을 허리에 걸쳤을 뿐인 벌거벗은 사람 수십 명이 거친 백사장에 서서 소리를 질러댄다. 존은 털이 난 가슴에 방수 성경을 꽉 끌어안고 목소리를 낮추며 계속 걸어간다. 그의 발에선 피가 흐르고 있다. 지난 해저 지진 때 말라죽은 산호의 잔해는 칼날처럼 뾰족하다. 구급상자를 비롯하여 그가 선물로 가져온 가위와 낚시 바늘, 미니 축구공은 아직 카약 안에 있다. 그는 준비되어 있다. 그는 살면서 연애 한 번 해보지 않았다. 원주민들의 언어와 관습에 익숙해지기 위해 그들과 장기적인 관계를 맺고 싶었기 때문이다. 족히 20~30년은 걸릴 일이다. // 남자 둘이 탄 통나무 카누가 가까이 다가오자, 존은 그들 뺨에 노란 반점이 있는 걸 본다. 그러고는 어렸을 때 형과 함께 블랙베리 주스를 얼굴에 바르고 활과 화살을 멘 채 뒷마당을 돌아다닌 걸 떠올린다. 그러나 여긴 컬럼비아강이 흐르는 클라크 카운티가 아니라 길 잃은 영혼이 가득한 섬이다. 이 섬은 신이 오직 그를 위해 마련한 사탄 최후의 요새다. 고등학교 때부터 머릿속으로 그려본 이 순간을 그는 선교사 캠프 생활을 하는 내내 생각했다. 마침내 그들을 만나 하느님을 전하고, 교회를 세우고, 하느님의 말씀을 미지의 언어로 옮기는 것을. // 그때 한 소년이 새된 소리를 지르며 파도 속으로 뛰어들며 활을 쏜다. 이어 화살이 휙 하고 허공을 날아와 존이 안고 있는 성경에 꽂힌다. 그는 소리치며 성경에 꽂힌 화살을 빼들고, 금속 화살촉을 느낀다. 그러고는 아직 어린 소년을 쳐다보며 비틀거리더니 입안의 물을 삼키고는 깊은 바다로 도망친다. // 한밤중에 그는 친구에게 다음과 같은 내용의 편지를 쓴다. *난 내일이면 죽을지도 몰라. 우린 다시 만날 거야. 그리고 기억해. 먼저 천국에 가는 사람이 이기는 거란 걸.* // 다음 날 새벽에 그는 수영해서 마지막으로 만으로 간다.

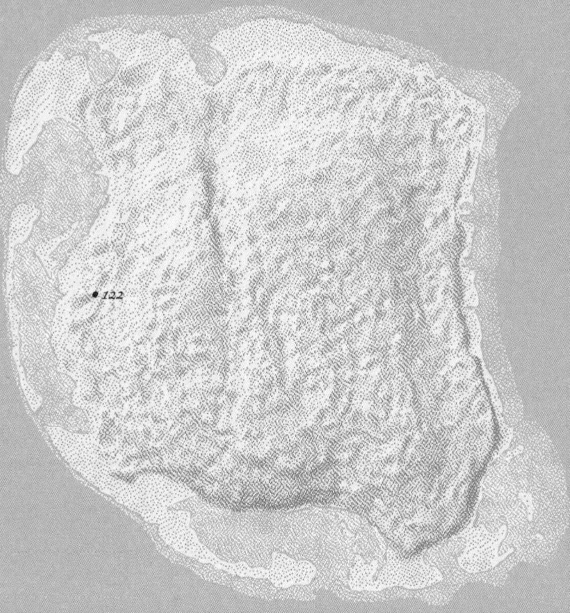

1 2 3 4 5 km

10° 25' N
56° 38' O

아갈레가 (모리셔스)

Agalega, 옛 이름 *Galega*
26km² | 주민 274명

1080 km → 모리셔스
280 km → 세이셸
1770 km → 디에고가르시아 (72)

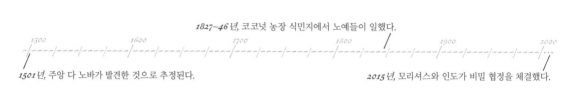

1501년, 주앙 다 노바가 발견한 것으로 추정된다.
1827~46년, 코코넛 농장 식민지에서 노예들이 일했다.
2015년, 모리셔스와 인도가 비밀 협정을 체결했다.

2019년 8월 초 이른 아침, 환초에 낀 안개가 걷히기 시작하자 아갈레가 위로 드론들이 나타난다. 드론들은 예전엔 캉프누아르(Camp Noir)라고 불렸던 생트리타(Sainte Rita)의 녹슨 철판지붕 위를 천천히 날아다닌다. 그러다 서쪽으로 방향을 틀어 야자나무 숲 속 두 묘지 부근에서 하강한다. 하나는 하얗고 하나는 까맣다. 먼저 수입 현무암으로 만들어졌고 지금도 웅장한 통치자들의 무덤 위를 날다가, 산호초로 만들어져 비바람에 깎여나간 노예와 노동자들의 무덤 위를 돈다. 모래땅에 묻힌 해골 대부분은 묵직한 코코넛 바구니를 머리에 이고 다녀서 두개관에 금이 가 있는데, 드론의 렌즈에는 비치지 않는다. // 어느새 드론들은 다시 날아올라 코코넛 농장, 산호초로 둘러싸인 운하 위를 날아서 뱅생크(Vingt-Cinq)에 이른다. 드론을 본 그곳 개 몇 마리가 짖어대며 쏜살같이 달려들어 쫓아내려고 한다. 뱅생크는 한때 저항하는 노예들이 돌에 묶여 등에 채찍 25대를 맞던 곳이다. 그곳의 지명(프랑스어로 25를 뜻한다)은 지금도 그 일을 상기시킨다. 이제 드론들이 맹그로브 숲 속에 있는, 체벌을 대신하여 노예들을 가둔 감옥이 있던 폐허를 맴돈다. 그러고는 누가 이곳에 살거나 혹은 상륙할 수 있는지 엄격히 통제하는 외곽도서개발회사 건물 앞 축 늘어진 모리셔스 국기를 지나간다. 잠시 후 막 정리된, 거대한 활주로 공사장이 나타난다. 길이가 3킬로미터는 족히 되어 군용기도 충분히 이용할 수 있다. 굴삭기, 불도저, 레미콘을 비롯하여 수 톤의 건축자재가 기름이 마를 일 없는 웅덩이 앞에 놓여 있다. // 멀지 않은 곳에 있는 라푸르슈(La Fourche)에 사는 아갈레가 주민 스텔리오 헨리는 끊임없이 울리는 사이렌 소리에 잠에서 깬다. 이어 베란다로 나가 전투기 편대가 최근에 완공된 인도인 임시 노동자 숙소 상공으로 높이 날아올라 바다 멀리 사라지는 모습을 바라본다. 며칠 전 폭풍우가 몰아쳤던 바다가 지금은 이상할 만큼 평온하다.

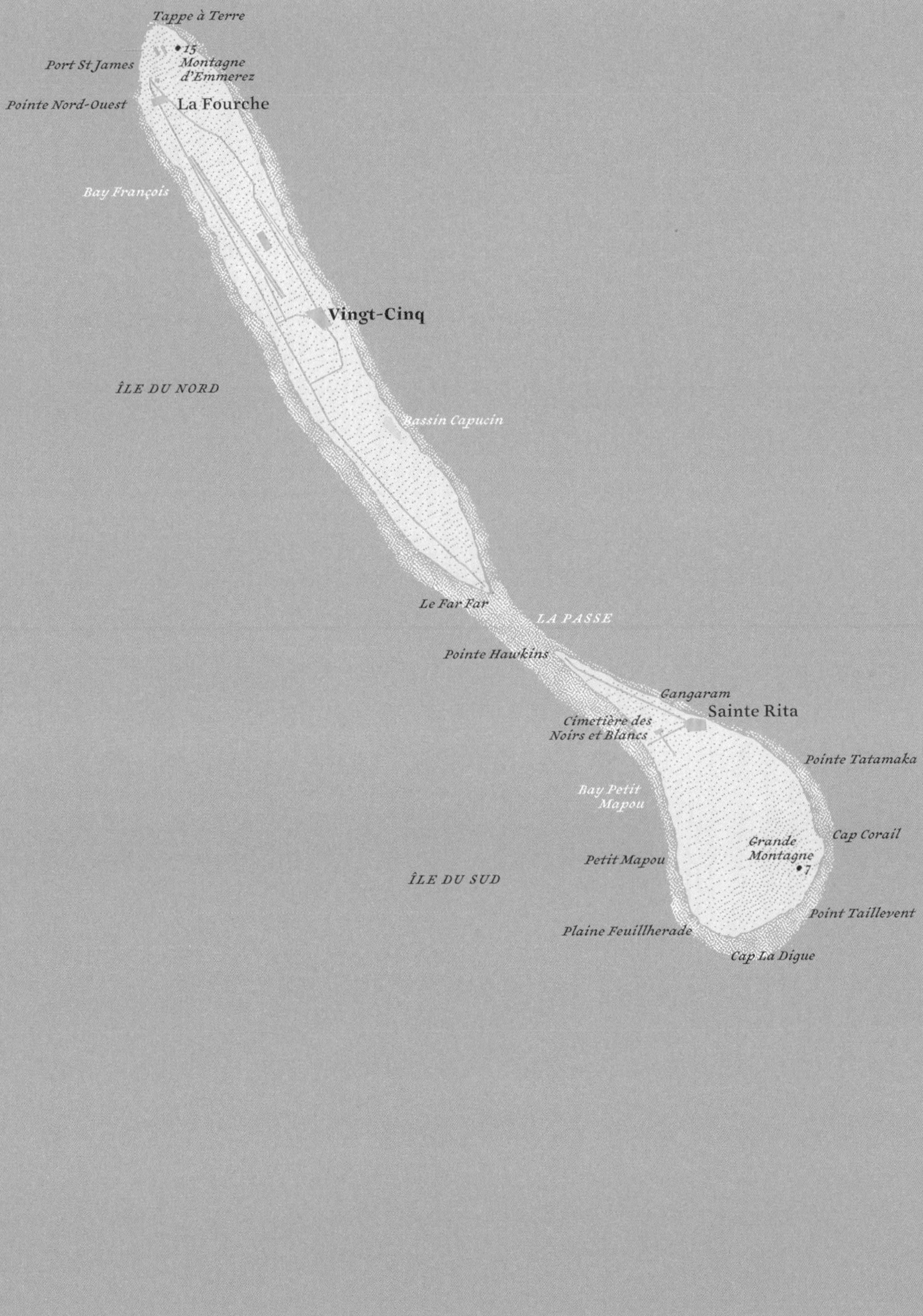

Tappe à Terre
15
Montagne d'Emmerez
Port St James
Pointe Nord-Ouest
La Fourche
Bay François
Vingt-Cinq
ÎLE DU NORD
Bassin Capucin
Le Far Far
LA PASSE
Pointe Hawkins
Gangaram
Sainte Rita
Cimetière des Noirs et Blancs
Pointe Tatamaka
Bay Petit Mapou
Cap Corail
Grande Montagne
7
Petit Mapou
ÎLE DU SUD
Point Taillevent
Plaine Feuillherade
Cap La Digue
1
2
3
4
5 km

태평양

PACIFIC OCEAN

소코로섬
클리퍼턴섬
코코섬
플로레아나
핏케언섬
이스터섬
로빈슨크루소섬

14° 10' S
141° 14' W

나푸카 *데사푸앵트망제도* (프랑스령 폴리네시아)

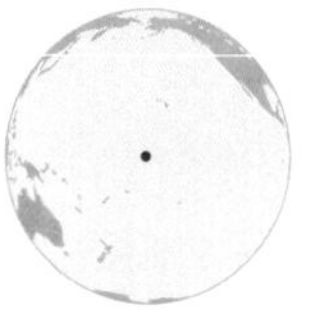

Napuka, Pukaroa, 옛 이름 *Wytoohee*
8km² | 주민 243명

20 km
/→ 테포토노르

1000 2000 3000
3990 km
/→ 하와이

920 km
/→ 팡가타우파 (96)

1521년 1월 말, 페르디난드 마젤란이 발견한 것으로 추정된다.

1500 1600 1700 1800 1900 2000

1977년, 공항이 문을 열었다.

1520년 11월 2일, 거대한 대양에 도착한 배가 북서쪽으로 항로를 정하자, 페르디난드 마젤란(Ferdinand Magellan)은 향료제도(인도네시아의 말루쿠제도의 옛 이름)까지 항해하는 데 넉넉잡아 한 달 정도 걸릴 것이라고 말한다. 그러나 이제 마젤란의 말을 믿는 사람은 더 이상 없다. 여러 주가 지나도 섬이라곤 보이지 않으니 말이다. 항해 중인 바다는 매우 고요하다. 그래서 그들은 이 바다를 가리켜 '고요한 바다'라는 뜻의 '마레 파시피코(Mare Pacifico)'라고 부른다. 마치 영원으로 들어가는 문이 열리고, 이 문을 지나 곧바로 영원 속으로 항해해 들어가는 기분이다. 얼마 후, 나침반 바늘은 힘이 떨어져 북쪽을 가리키지 못하게 되고, 선원들이 먹을 식량도 부족해진다. 먼지투성이인 선원용 비스킷은 쥐똥과 구더기로 오염되어 있다. 식수는 고약한 냄새가 나는 누런 액체로 변했다. 굶주린 선원들은 톱밥, 밧줄을 보호하기 위해 돛의 활대 양쪽 끝에 감아놓은 가죽 조각을 먹는다. 돌처럼 딱딱한 가죽을 네댓새 동안 바닷물에 담가 부드럽게 만든 다음 숯에 구워 억지로 삼킨다. //배 안에서 쥐가 발견되자, 쥐 사냥이 시작된다. 야윈 쥐 값이 최고 반 두카토(Ducato, 베네치아의 화폐 단위)까지 치솟는다. 한 명은 참지 못하고 돈을 주고 산 쥐를 날것 그대로 삼켜버린다. 두 선원이 그들이 잡은 쥐 한 마리를 놓고 대판 싸우다 한 사람이 다른 사람을 도끼로 때려죽인다. 살인자는 사지를 찢어 죽여야 하지만, 판결을 집행할 만큼 힘이 남은 사람이 배 안엔 아무도 없다. 그래서 그들은 죄인을 목 졸라 죽여 배 밖으로 던져버린다. //배 안의 선원들 중 하나가 죽어나갈 때마다 마젤란은 서둘러 시체를 범포에 싸서 꿰맨 다음 바다로 던져버리게 한다. 선원들이 시체를 먹는 식인종이 되기 전에 말이다. 실제로 아직 살아 있는 선원들은 굶주림이나 괴혈병으로 죽은 지 얼마 안 된 사람의 시체를 탐욕스럽게 바라보고 있다. //그로부터 50일 후, 그들은 마침내 육지를 발견한다. 그러나 그 어디에도 배를 정박할 곳을 찾지 못한다. 작은 배 여러 척에 나누어 타고 섬에 들어간 선원들은 배고픔과 갈증을 해소할 만한 그 무엇도 찾지 못한다. 실망한 그들은 이 섬을 '실망의 섬'이라 칭하고 항해를 이어나간다. 항해일지를 기록하는 안토니오 피가페타는 다음과 같이 적는다. *"누구도 두 번 다시 이런 항해를 하고 싶어 하지 않을 거라고 나는 확신한다."*

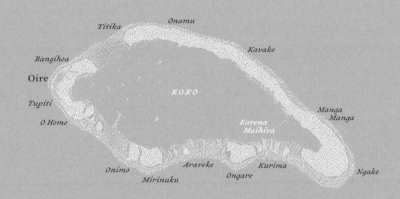

Titika
Onamu
Kavake
Rangihoa
Oire
KOKO
Tupiti
O Homo
Manga
Manga
Karena
Maihiva
Araveke
Kurima
Onimo
Mirinuku
Ongare
Ngake
0 1 2 3 4 5 km

88 태평양

27° 36′ S
144° 20′ W

라파이티 오스트랄제도 (프랑스령 폴리네시아)

Rapa Iti, *Rapa* | 영어 옛 이름 *Oparo Island*
40.5km² | 주민 507명

1180 km → 타히티

3620 km → 뉴질랜드

1440 km → 핏케언섬 (118)

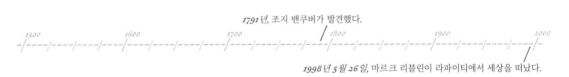

1791년, 조지 밴쿠버가 발견했다.

1998년 5월 26일, 마르크 리블린이 라파이티에서 세상을 떠났다.

프랑스 보주산맥의 한 자락에 자리 잡은 작은 소도시에 사는 여섯 살 소년은 세상에 알려지지 않은 미지의 언어를 배우는 꿈을 꾼다. 얼마 후, 어린 마르크 리블린(Marc Liblin)은 이 언어가 어디서 왔는지, 그리고 이런 언어가 실제로 존재하는지도 모르면서 꿈에서 배운 언어를 유창하게 구사한다. // 그는 지식에 대한 열정이 가득한, 재능 있지만 외로운 아이이다. 어린 시절, 그는 빵보다 책으로 살았다 해도 과언이 아니다. 세월이 흘러 33살의 성인이 되지만, 그는 사회에 적응하지 못하고 외톨이로 살아간다. 그런데 프랑스 렌(Rennes)대학의 학자들이 그를 주목하고 그가 꿈에서 배운 언어를 해독, 번역하고 싶어 한다. 그로부터 2년 동안 과학자들은 그가 내는 낯선 소리를 대형 컴퓨터에 입력해보지만 별 성과는 얻지 못한다. // 그러다 문득 학자들은 항구에 있는 술집으로 가서 뭍으로 올라온 선원들에게 이 언어를 어디선가 들어본 적 있는지 물어봐야겠다는 생각에 이른다. 그리하여 렌에 있는 한 술집에서 마르크 리블린은 튀니지인들 앞에서 독백을 하게 된다. 이를 듣고 있던, 해군에서 복무한 적 있는 바텐더가 말을 끊더니 이렇게 말한다. *"폴리네시아의 섬들 중에서도 가장 외로운 섬에서 이 언어를 들어본 적이 있습니다."* 그리고 그는 똑같은 언어를 구사하는 한 노부인을 알고 있는데, 그녀는 본래는 장교의 아내였지만 지금은 이혼하여 교외에 위치한 공영주택 단지에 살고 있다고 말한다. // 폴리네시아 출신인 그 부인과의 만남으로 리블린의 삶은 바뀐다. 현관문을 열며 맞이하는 메레투이니 마케(Meretuini Make)에게 리블린은 자신의 언어로 인사하고, 그녀 역시 옛 고향의 말로 답례를 한다. // 한 번도 유럽을 떠나본 적 없는 마르크 리블린은 자신을 이해하는 유일한 여성과 결혼을 한다. 그리고 1983년에 그는 부인과 함께 그의 언어가 쓰이는 섬으로 떠난다.

Akatamira Bay
Tubuai Bay
Auroa Point
Akananue Bay
Angairao Bay
Matapu Point
Mount Vairu
218
Autea Point
Mount Pukunía
246
Mount Perahu
385
Atanui Bay
Anarua Bay
Nukutere Point
Tapui Island
Area
Mount Motu
284
AHUREI BAY
Maomao Point
Hiri Bay
Ahurei
Anatauri Bay
Mount Pukumaru
355
Tauturau Island
0 1 2 3 4 5 km

90 태평양

33° 39′ S
78° 50′ W

로빈슨크루소섬 *후안페르난데스제도* (칠레)

스페인어 *Isla Robinsón Crusoe*, 옛 이름 *Isla Más A Tierra* [›육지에 더 가까운 섬‹]
48km² | 주민 926명

150 km → 알렉산더셀커크섬

630 km → 칠레

3770 km → 플로레아나 (108)

1704~08년, 알렉산더 셀커크가 무인도에 표류했다.

2010년, 쓰나미로 16명이 죽었다.

스코틀랜드국립박물관의 데이빗 콜드웰(David Caldwell)은 로빈슨 크루소의 일기가 베를린국립도서관의 잊힌 서가에 소장되어 있다고 주장한다. 맨 위층의 백과사전 뒤든, 사람 키만큼 큰 지구본이 놓여 있는 테라스 아래든, 서가마다 사람들은 모두 저마다의 일로 분주하다. 지난 10년 동안 언제나 찾아오는 이들이다. 쭉 늘어선 책상 하나하나는 섬나라다. 모두들 이곳에 글을 쓰러 온다. 글이 잘 쓰이는 날은 한 쪽을 쓰고, 잘 풀리지 않는 날은 반 문장을 쓰기도 한다. // 콜드웰은 한 달간 그 섬에 있었다. 그가 발견한 것이라고는 1.6센티미터 길이의 뾰족한 청동 조각이 전부였다. 그는 이 청동 조각이 알렉산더 셀커크(Alexander Selkirk)의 항해용구 중 하나였을 분도기에서 떨어져 나온 파편이 틀림없다고 생각한다. 외딴섬에 표류한 해적 셀커크가 써내려 간 일기는 해밀턴 공작의 수집품이 되었지만, 이후 그의 후손이 경매에 내놓는 바람에 신생 독일제국의 수중으로 들어간다. 최초의 근대 영어 소설이기도 한 〈로빈슨 크루소(Robinson Crusoe)〉는 바로 이 일기를 토대로 하고 있다. 소설은 사실과 허구를 교묘하게 섞어서 알렉산더를 로빈슨으로 만든다. 스코틀랜드 구두 수선공의 아들은 아버지의 충고를 무시하고 항해를 떠난 요크 출신 무역상의 아들이 된다. 외딴섬에서 살아가는 기간은 4년 4개월에서 인생의 반에 해당하는 28년으로 바뀐다. 해적 셀커크는 농장주 크루소가 된다. 먼 곳으로 여행을 떠나고 싶은 욕망과 줄곧 싸우지만, 늘 꿈꿔온 장소에 도착하자마자 고향으로 돌아가길 원하는. // 도서관 안의 잡지 섹션에서는 이따금 바스락거리는 소리가 들린다. 그리고 저녁이 되어 일렬로 늘어선 전등불이 켜지면, 도서관의 전면 유리벽에 드리운 블라인드가 춤을 추듯 어른거리며 빈 광장에 널따란 그림자를 흩뿌린다. 필사본 섹션의 서가가 면밀히 조사된다. 2009년 2월 4일, 도서관 대변인이 콜드웰의 주장에 대해 다음과 같이 해명한다. *"지난 며칠간 우리는 관련 도서목록을 모두 살펴봤지만 찾던 책은 발견하지 못했습니다. 셀커크의 일기는 우리 도서관에 소장되어 있지 않은 게 거의 확실합니다."* 고고학자들보다는 작가들이 이를 좀 더 쉽게 받아들인다.

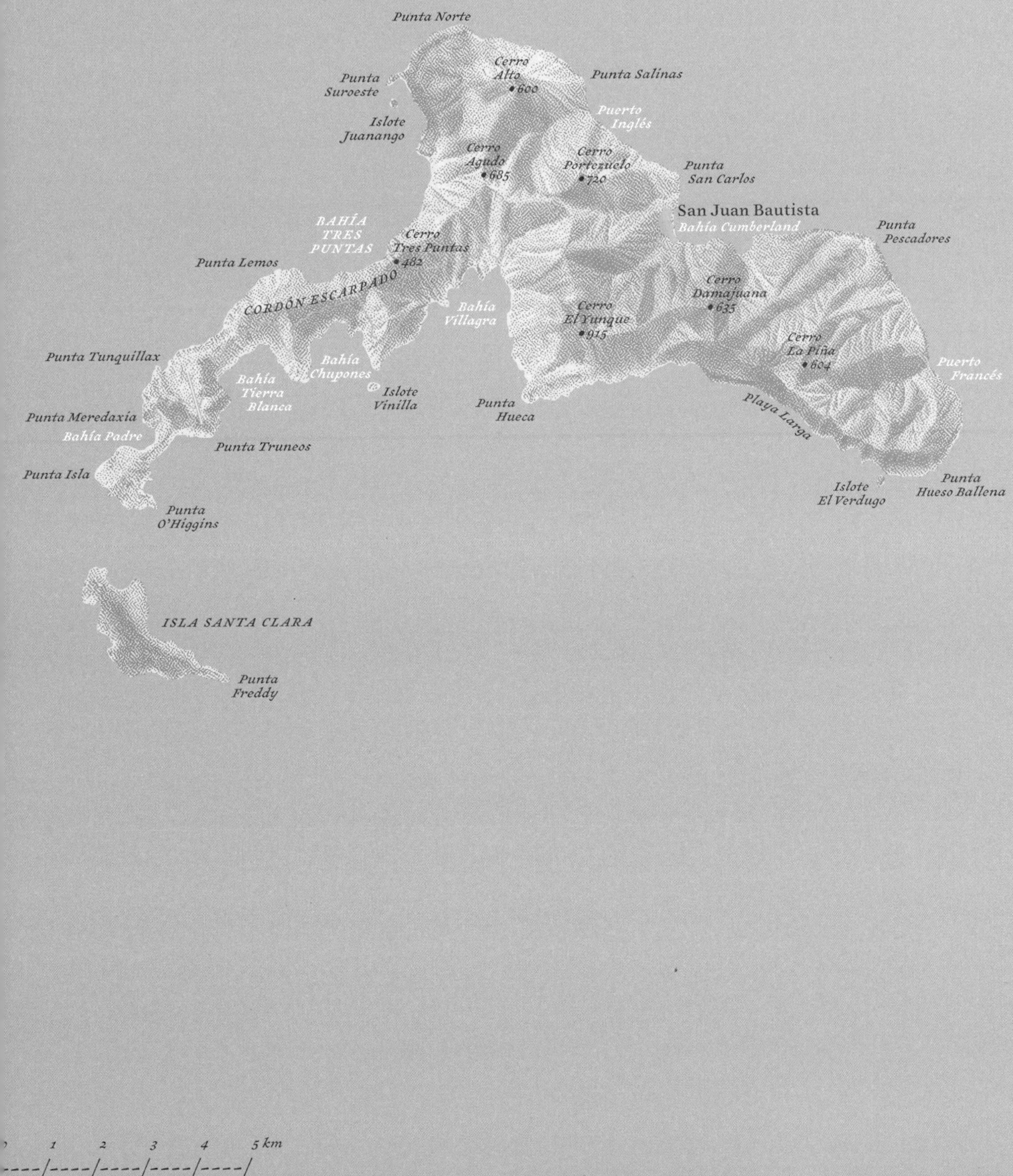

Punta Norte
Punta Suroeste
Cerro Alto
600
Punta Salinas
Puerto Inglés
Islote Juanango
Cerro Agudo
685
Cerro Portezuelo
720
Punta San Carlos
San Juan Bautista
Bahía Cumberland
Punta Pescadores
BAHÍA TRES PUNTAS
Cerro Tres Puntas
482
Punta Lemos
CORDÓN ESCARPADO
Bahía Villagra
Cerro El Yunque
915
Cerro Damajuana
635
Cerro La Piña
604
Punta Tunquillax
Bahía Chupones
Bahía Tierra Blanca
Islote Vinilla
Punta Hueca
Puerto Francés
Playa Larga
Punta Meredaxia
Bahía Padre
Punta Truneos
Punta Isla
Punta O'Higgins
Islote El Verdugo
Punta Hueso Ballena
ISLA SANTA CLARA
Punta Freddy
0 1 2 3 4 5 km

0° 48′ N
176° 37′ W

하울랜드섬 *피닉스제도* (미국)

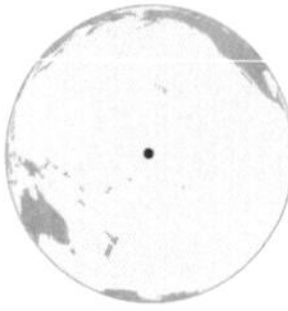

영어 *Howland Island*

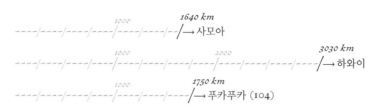

2.6km² | 무인도

1640 km → 사모아

3030 km → 하와이

1750 km → 푸카푸카 (104)

1828년 12월 1일, 대니얼 매켄지가 발견했다.

2009년 이후, 자연보호구역으로 지정되었다.

그녀는 홀로 대서양을 횡단한 최초의 여성이다. 뉴펀들랜드에서 북아일랜드까지 14시간 56분을 비행했고, 린드버그에 이은 세계 두 번째 단독 횡단자다. 비행기를 몰아 로스앤젤레스에서 뉴저지로, 멕시코시티에서 뉴어크로, 그리고 호놀룰루에서 오클랜드로 날아간 그녀는 바로 어밀리아 에어하트(Amelia Earhart), 하늘에 비행운으로 기록을 남긴 선구자다. 그녀의 가장 위대한 업적들은 하늘 높은 곳에서 이루어졌다. 그녀는 항상 최초의 '여성'이었다. 하지만 이제 그녀는 아직 그 누구도 성공하지 못한 것을 시도해보려 한다. 인류 최초로 지구의 적도를 날아서 일주하는 일을 말이다. 언젠가 그녀는 이렇게 말한 바 있다. *"나는 이 일이 위험하다는 걸 잘 알고 있어요. 하지만 하고 싶은 건 하고 싶은 거죠."* 비행 거리가 4만 7000킬로미터에 달하는 적도 일주 여행 전에 찍은 마지막 사진에는 은빛 유선형 쌍발프로펠러 비행기 록히드 L-10E 엘렉트라(Lockheed L-10E Electra) 앞에 선, 어울리지 않는 두 사람의 모습이 담겨 있다. 어밀리아 에어하트는 여유로운 모습으로 엉덩이에 두 손을 올려놓고 있다. 비행복의 지퍼는 활짝 열려 있고, 곱슬머리는 한쪽으로 약간 기울어져 있으며, 대담한 차림으로 입가에는 미소를 띠고 있다. 그녀는 키가 크고 날씬하다. 바로 옆에 항법사인 프레드 누넌(Fred Noonan)이 수줍지만 부지런한 소녀처럼 서 있다. // 1937년 7월 2일 아침, 20시간은 거뜬히 비행할 수 있을 만큼 연료를 가득 채운 비행기 한 대가 솔로몬해 끝에 자리한 라에(Lae)의 울퉁불퉁한 활주로를 날아오른다. 지구를 돌아 3만 6000킬로미터나 되는 거리를 날아온 에어하트와 누넌은 마지막 구간인, 지구의 반을 덮고 있는 드넓은 고요한 바다 위를 날아가기만 하면 된다. // 4130킬로미터 떨어져 있는 하울랜드섬에는 미국 해안경비대의 선박인 이타스카(Itaska)호가 연료와 침대를 준비해놓고 그들을 기다리고 있다. 이 섬은 아주 작은 환초로, 구름 한 점으로도 가려지는 곳이다. 오전 7시 42분, 에어하트의 목소리가 무전기를 통해 흘러나온다. *"우리는 당신들 위를 날고 있을 텐데, 보이지가 않아요. 연료가 얼마 안 남았어요."* 그로부터 한 시간 후, 다시 그녀의 목소리가 들린다. *"157-337선에 있어요. 남북선을 따라서 비행하고 있어요."* 이타스카호에 타고 있는 해안경비대원들 모두가 쌍안경으로 수평선을 수색하고 신호를 보내보지만, 아무 대답이 없다. 어밀리아 에어하트는 '오늘'이 '어제'로 바뀌는 날짜변경선 바로 너머에서 사라져버린다. 바다는 아무 말이 없다.

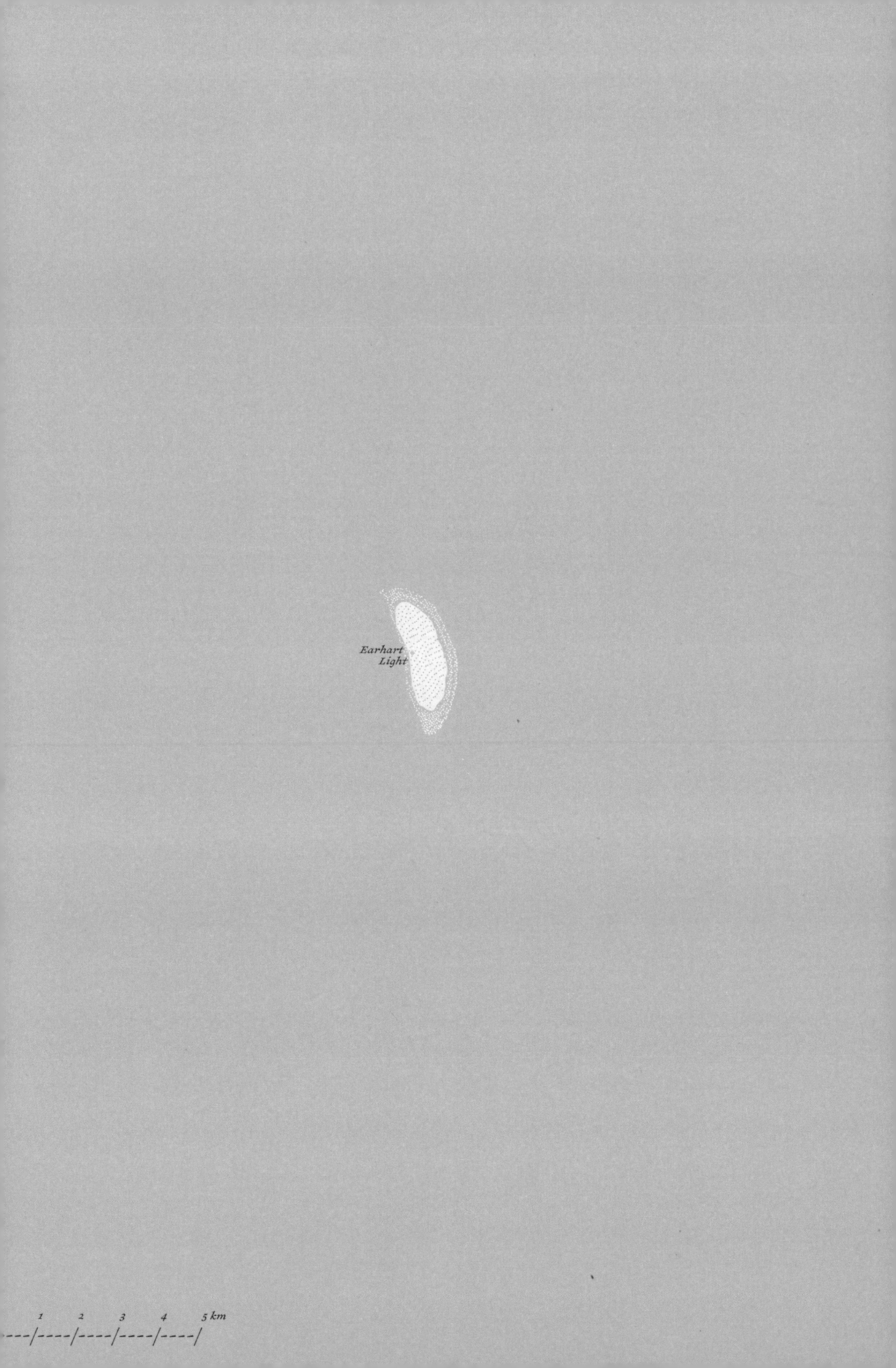

Earhart Light
1 2 3 4 5 km

94 태평양

54° 38' S
158° 52' E

매쿼리섬 (오스트레일리아)

영어 *Macquarie Island*

128km² | 거주자 20~40명

1070 km → 뉴질랜드

1510 km → 남극

700 km → 캠벨섬 (112)

1948년 5월 25일, 연구소가 세워졌다.

1810년 7월 11일, 프레데릭 하셀보로가 발견했다.

2011~14년, 토끼 박멸을 시도했다.

1년 내내 비가 내리는 험준한 이 섬은 한 번도 대륙의 일부였던 적이 없다. 바다에서 바로 만들어진 섬이기 때문이다. 이곳은 대양의 밑바닥에서 해수면 위로 솟아오른 지 얼마 되지 않은 지각의 한 조각, 물 위로 드러난 바닷속 등뼈의 한 토막이다. 남극으로 가는 길의 중간쯤에 자리한 이 섬에서 북쪽의 따뜻한 물과 남쪽의 차가운 물이 만난다. 바다에는 늘 사나운 폭풍우가 몰아치고, 섬에 들어가는 일은 언제나 위험하다. // 1840년 1월, 피콕(Peacock)호의 사람들은 엄청난 고생 끝에 배를 잃지 않고 이 섬에 상륙하는 데 성공한다. 섬에 도착한 그들은 바위투성이의 험준한 지형을 둘러보며 몇 종 안 되는 식물을 수집한다. 찰스 윌크스(Charles Wilkes) 대위는 이 섬에 대해 다음과 같은 결론에 이른다. *"매쿼리섬은 방문할 만한 매력이 없는 곳이다."* // 홀로 허드갑(Hurd Point)까지 내려가 주변을 둘러본 해군 견습사관 헨리 엘드(Henry Eld)만이 이 섬의 위엄에 압도된다. 만과 해변마다 풀에 덮인 난파선의 잔해가 썩어가고 있다. 수백만 마리 펭귄의 비디에 배의 앙상한 골격이 떠 있다. 이 섬에 오기 전부터 헨리 엘드는 무인도에 사는 엄청난 수의 펭귄에 관한 이야기를 자주 듣긴 했지만, 이렇게나 어마어마하게 많은 펭귄 떼를 보게 될 거라고는 예상하지 못했다. 바위투성이 언덕 주변은 온통 이 펭귄 떼로 뒤덮여 있다. 지금껏 그는 이렇게 끔찍할 정도로 쉬지 않고 꽥꽥거리며 우는 소리, 날카롭고 긴 비명, 재잘거리는 소리를 들어본 적이 없다. 새들이 이런 소리를 낼 수 있을 거라고는 꿈에도 생각하지 못했다. 사방에서 펭귄들이 그를 향해 달려들어 바지를 물고 뜯는가 싶더니 바지 사이로 드러난 살점을 사정없이 깨문다. 이 같은 행동에 놀라 움찔하며 뒤로 물러선 그는 궁지에 몰린다. 하얀 배, 칙칙한 검은 얼굴과 툭 튀어나온 주둥이의 펭귄 떼는 이 침입자를 에워싼다. 점점 더 많은 펭귄들이 몸을 꼿꼿이 세우고 침착하게, 엄격한 교장 선생님처럼 위엄 있는 발걸음으로 한 발짝 한 발짝 가까이 다가온다. 헨리 엘드가 흑백의 벌판으로 사라질 때까지.

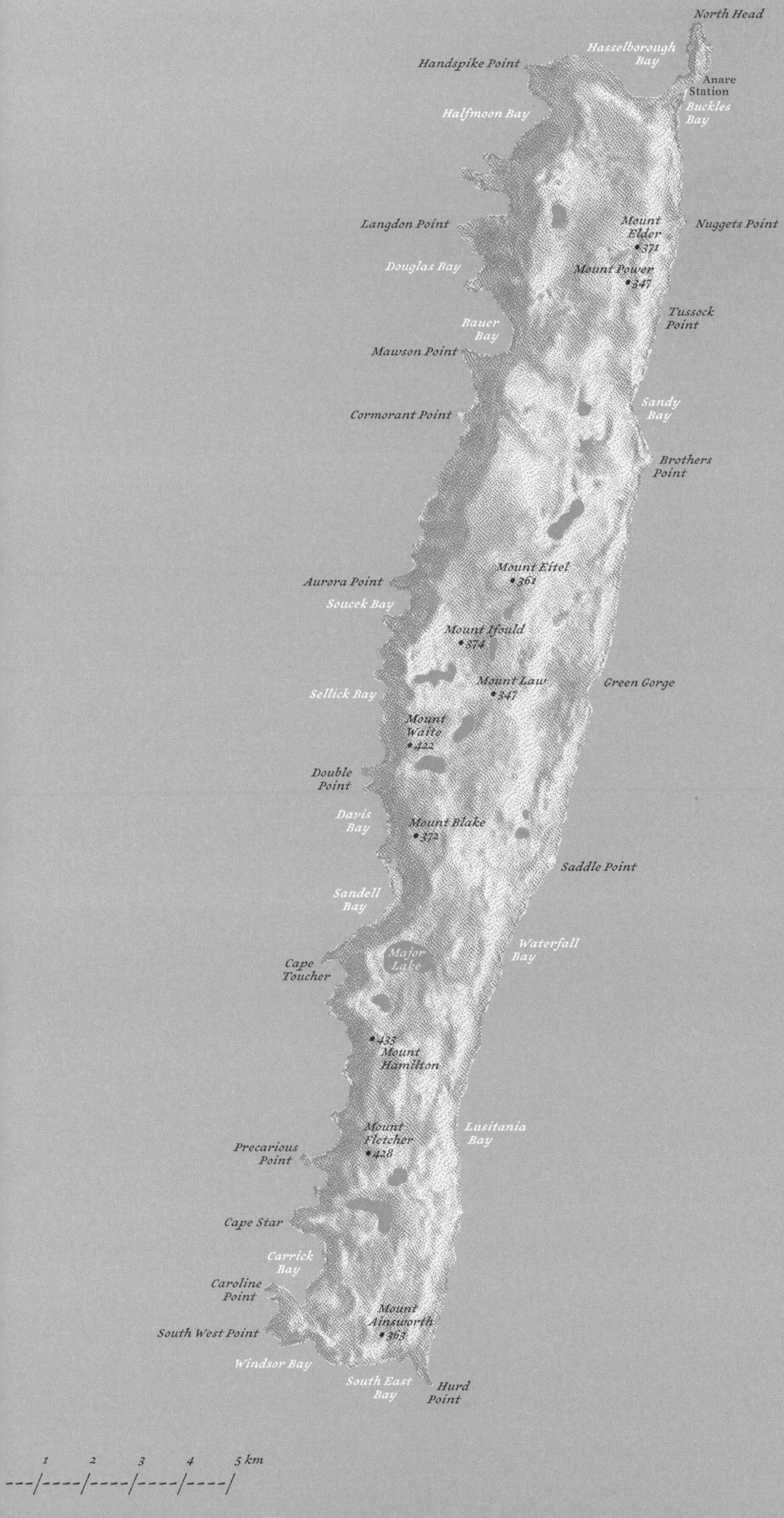
North Head
Hasselborough Bay
Handspike Point
Anare Station
Buckles Bay
Halfmoon Bay
Langdon Point
Mount Elder
371
Nuggets Point
Douglas Bay
Mount Power
347
Tussock Point
Bauer Bay
Mawson Point
Sandy Bay
Cormorant Point
Brothers Point
Mount Eitel
361
Aurora Point
Soucek Bay
Mount Ifould
374
Mount Law
347
Green Gorge
Sellick Bay
Mount Waite
422
Double Point
Davis Bay
Mount Blake
372
Saddle Point
Sandell Bay
Waterfall Bay
Major Lake
Cape Toucher
433
Mount Hamilton
Mount Fletcher
428
Lusitania Bay
Precarious Point
Cape Star
Carrick Bay
Caroline Point
Mount Ainsworth
363
South West Point
Windsor Bay
South East Bay
Hurd Point
1
2
3
4
5 km

22° 15' S
138° 45' W

팡가타우파 *투아모투제도*(프랑스령 폴리네시아)

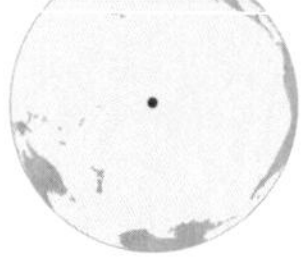

Fangataufa | 영어 옛 이름 *Cockburn Island*
5km² | 무인도

40 km → 모루로아

4410 km → 뉴질랜드

810 km → 라파이티 (88)

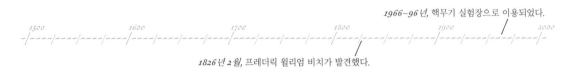

1966~96년, 핵무기 실험장으로 이용되었다.

1826년 2월, 프레데릭 윌리엄 비치가 발견했다.

식민지가 모두 떨어져나가고, 두 차례의 세계대전이 끝났다. 강대국이 되기 위해선 '그 폭탄'이 필요하다. 제2차 세계대전의 네 승전국 중 가장 입지가 약한 이 나라도 그 대열에 합류하고 싶어 한다. 핵무기로 공포심을 불러일으키고 자신의 힘을 증명해 국제사회에서 지위를 확고히하고 싶은 것이다. 프랑스의 첫 번째 핵실험은 사하라사막에서 이루어진다. 그러나 알제리와 그 사막이 독립을 하자, 핵실험을 할 수 있는 새로운 황무지가 필요해진다. 처음엔 외딴섬인 클리퍼턴섬과 바람이 많이 부는 케르겔렌제도(Îles Kerguelen)가 고려되었다. 그러나 최종적으로는 끔찍한 일이 벌어질 장소로 그림처럼 아름다운 장소가 선정된다. 세상 사람들의 눈에서 멀리 떨어진 투아모투제도(Îles Tuamotu)의 환초인 모루로아(Moruroa), 팡가타우파 두 곳이다. 이 두 섬은 사람이 살지 않는 환초로, 풍부한 자연이 훼손되지 않고 잘 보존된 곳이다. // 팡가타우파에 도착한 프랑스인들은 고리 모양 환초의 북쪽 부분에 폭탄을 터뜨려 배가 드나들 수 있는 통로를 만든다. 그리고 이웃 환초에 사는 주민들에게 보안경과 선글라스를 나눠준다. // 1968년 8월 24일, 대규모 실험을 위한 모든 준비가 끝났다. 프랑스 최초의 수소폭탄 기폭 실험이다. 2.6메가톤의 위력을 가진 이 수소폭탄 실험은 지금까지의 핵실험 중 가장 큰 규모로, 그 위력은 원자폭탄보다 최소 100배에서 최대 1000배 더 강력하다. 마침내 3톤짜리 폭탄을 실은 헬륨 풍선이 지상 520미터 높이로 올라간다. 그때 누군가 이 실험의 암호명인 '카노푸스(Canopus)'를 소리 내어 말한다. 카노푸스는 밤하늘에 빛나는 별 중에서 두 번째로 밝은 별의 이름으로, 먼 남쪽에 떠 있어 프랑스에서는 볼 수 없다. 파리 시간으로 정확히 19시 30분에 이루어진 팡가타우파에서의 수소폭탄 폭발과 마찬가지로. 거대한 구름이 비틀린 꼬리를 달고 하늘로 솟아오른다. 충격파가 바깥쪽으로 퍼져나가며 둥근 고리 모양의 그림자를 섬의 초호에, 환초에, 바다에 드리우고 바닷물을 수평선으로 내몰아친다. // 수소폭탄 실험 이후, 이 섬에 남아 있는 거라곤 아무것도 없다. 집도, 시설도, 나무도, 아무것도 없다. 방사능 오염으로 섬 전체가 봉쇄된다. 이후 6년 동안 팡가타우파에는 그 누구의 출입도 허락되지 않는다.

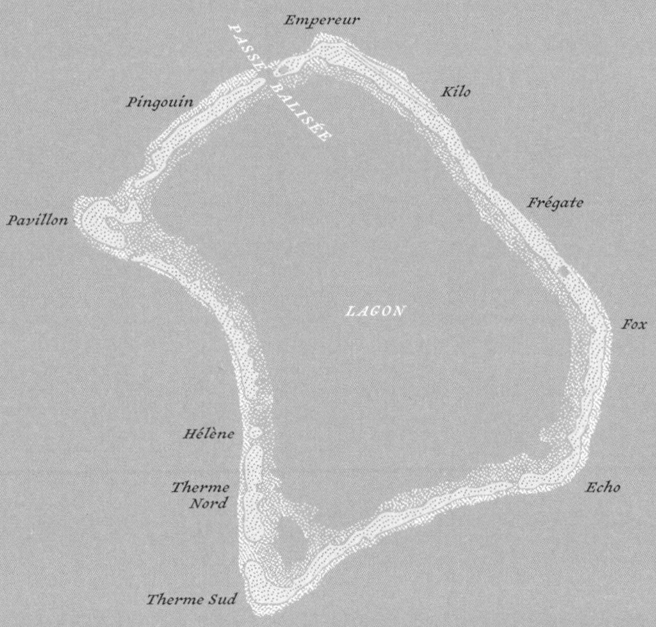
Empereur
PASSE BALISÉE
Kilo
Pingouin
Frégate
Pavillon
LAGON
Fox
Hélène
Therme
Nord
Echo
Therme Sud
1
2
3
4
5 km

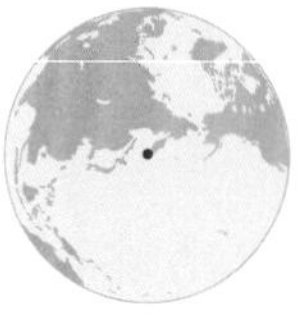

아틀라소프섬 *쿠릴제도* (러시아)

50° 51' N
155° 33' E

러시아어 *Ostrov Atlasova* | 일본어 *Araido-tō*
119km² | 무인도

70 km → 캄차카

1370 km → 삿포로

1650 km → 세미소포치노이 (120)

1500 — 1600 — 1700 — 1800 — 1900 — 2000

1950년대 초, 여성 죄수 유형소가 세워졌다.

2019년, 화산이 폭발했다.

이 섬의 이름은 하늘을 짊어지고 있는 거인이 아니라, 한 코사크의 이름에서 따온 것이다. 이 섬은 진주를 꿴 것처럼 늘어선 쿠릴제도의 섬들, 검은 모래에 파도가 밀려드는 이 섬들 가운데 가장 높이 우뚝 솟아 있는 하나의 산일 뿐이다. // 후지산보다 훨씬 아름다운 이 산을 쿠릴제도의 사람들은 '알라이드'라고 부른다. 겨울이 되면 알라이드의 회색 현무암 봉우리는 새하얀 눈으로 덮인다. 이 화산은 4~5만 년 전 화산대에 흩어져 있는 섬들 중 가장 북쪽에 생겨났다. 알라이드의 아름다움은 대칭적인 형태에 있다. // 옛날에 알라이드는 캄차카반도 남쪽의 쿠릴호 한가운데에 있었다고 한다. 우뚝 솟은 알라이드 때문에 주변의 다른 산들에는 햇볕이 들지 않았다. 그 때문에 다른 산들은 몹시 화가 나 이 산에게 따지고 들었다. 그러나 사실 그 산들은 알라이드의 완벽한 아름다움에 그저 질투가 났을 뿐이었다. 이 일로 몹시 심란해진 알라이드는 다른 산들에게 쿠릴호 한가운데 자리를 넘겨줄 수밖에 없다고 생각하고, 그리하여 긴 여행길에 올랐다. 그리고 마침내 먼 바다에 자리한 아름다운 장소를 찾아내 그곳에 정착했다. // 그러나 쿠릴호에 있던 시절의 추억과 슬픔의 표시로 알라이드는 자신의 심장을 그곳에 남겨두고 왔다. 쿠릴어로는 '오우트치트치(Outchitchi)', 러시아어로는 '세르드체 알라이다(Serdtse Alaida, 알라이드의 심장)'라고 불리는 원뿔 모양의 바위는 쿠릴호 한가운데에 있다. // 오제르나야강은 알라이드가 마지못해 오른 여정을 따라 흐르고 있다. 앉아 있던 자리에서 산이 벌떡 일어나 움직이기 시작하자, 호수의 물도 황급히 그 뒤를 쫓은 것이다. 이 강은 추방당한 산을 늘 고향과 이어주는 가늘고 푸른 탯줄이다.

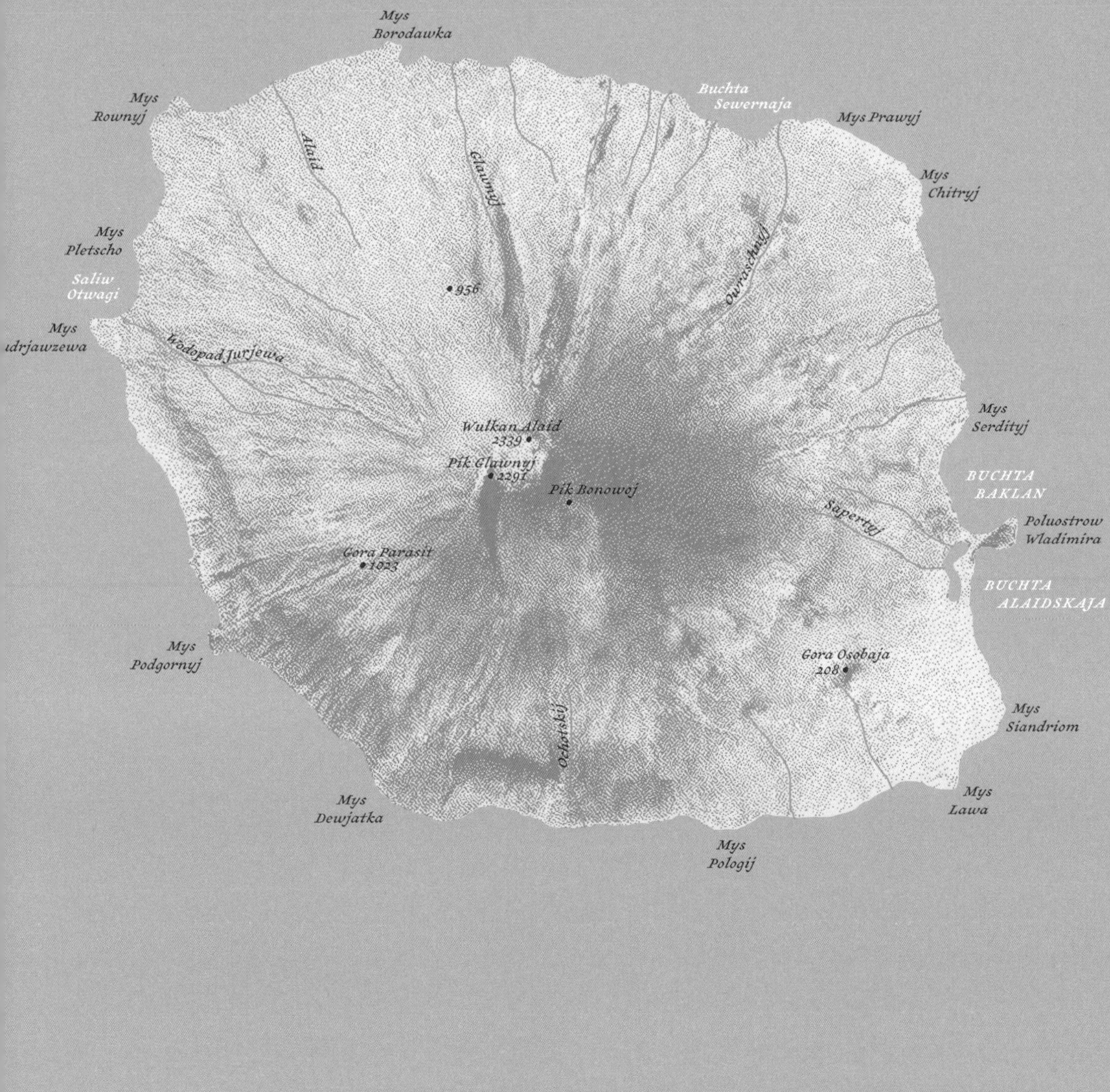
Mys
Borodawka
Mys
Rownyj
Alaid
Glawnyj
Buchta
Sewernaja
Mys Prawyj
Mys
Chitryj
Mys
Pletscho
Saliw
Otwagi
956
Owraschnyj
Mys
drjawzewa
Wodopad Jurjewa
Mys
Serdityj
Wulkan Alaid
2339
Pik Glawnyj
2291
Pik Bonowoj
BUCHTA
BAKLAN
Sapertyj
Poluostrow
Wladimira
Gora Parasit
1023
BUCHTA
ALAIDSKAJA
Mys
Podgornyj
Gora Osobaja
208
Mys
Siandriom
Ochotskij
Mys
Dewjatka
Mys
Lawa
Mys
Pologij
1
2
3
4
5 km

14° 38' N
169° 0' E

타온기 *라타크제도* (마셜제도)

Taongi, Bokak | 옛 이름 *Gaspar Rico, Smyth Island*
3.2km² | 무인도

280 km → 비카르

3750 km → 하와이

2500 km → 파간 (134)

1526년 8월 21일, 알론소 데 살라사르가 발견했다.

1988년 9월 10일, 사라조호가 발견되었다.

스콧 무어만(Scott Moorman)은 로스엔젤레스의 샌퍼낸도밸리에서 자랐다. 어린 시절 TV드라마 〈어드벤처 인 파라다이스〉를 보고는 하와이에서의 삶을 꿈꿨다. 1975년, 그는 본토를 떠나 하와이 시간이 적용되는 마우이섬 동쪽 해안의 나히쿠(Nahiku)에 정착한다. 이곳 사람들은 날씨가 좋으면 아무도 일을 하지 않는다. 1979년 2월 11일 일요일 아침, 그날도 그런 날 중 하루다. 바다는 거울처럼 반짝이고, 하늘은 거의 구름 한 점 없다. 그래서 스콧과 그의 친구 네 명은 낚시를 하러 가기로 한다. 그들은 모터보트용 새 점화플러그, 냉장고에 넣어둘 맥주와 레모네이드, 그리고 낚아 올릴지 모르는 물고기와 함께 담아둘 얼음을 구입한다. 모든 준비가 끝난 오전 10시쯤, 그들은 5미터 길이의 모터보트 사라조(Sarah Joe)호를 타고 출발한다. 그들은 만의 입구에 자리한 바위섬을 지나 남쪽으로 방향을 돌려 나아간다. 그들은 긴 머리에 덥수룩한 콧수염을 하고 선글라스를 쓰고 있다. 그들 중 한 명이 그날 처음 피울 담배를 돌돌 만다. // 정오쯤에 바람이 불기 시작하더니, 이른 오후가 되자 폭풍으로 변하고, 저녁에는 섬 전체를 뒤덮는 허리케인이 되어 바다를 휩쓸고 해변을 난장판으로 만들어버린다. 수 미터가 넘는 파도가 거칠게 몰아치고, 쏟아지는 비도 그칠 줄 모른다. // 오후 5시, 사라조호는 행방불명된다. 해안경비대는 폭풍우 속으로 헬리콥터와 비행기를 각각 한 대씩 보내보지만, 시야가 너무 좋지 않아 어려움을 겪는다. 매일 그들은 수색 지역을 넓혀나간다. 해안경비대는 닷새 동안 수색에 나서고, 행방불명된 다섯 남자들의 가족들은 일주일을 더 그들을 찾아 헤맨다. 그러나 가족들은 아무것도 찾아내지 못한다. 그들의 흔적 한 점도, 보트의 파편 한 조각도. // 그로부터 9년 6개월이 지난 어느 날, 해양생물학자 존 노튼(John Naughton)이 하와이에서 서쪽으로 3600킬로미터 떨어져 있는 마셜제도(Marshall Islands)의 최북단에 자리한, 기후가 매우 건조한 환초인 타온기섬 해안에서 난파된 보트 한 대를 발견한다. 섬유 유리로 만들어진 선체에 하와이 등록번호가 선명하게 찍혀 있다. 바로 사라조호다. // 근처에는 소박한 무덤이 하나 있다. 돌더미 위에 떠밀려온 나무로 만든 십자가가 꽂혀 있다. 모래 사이로는 뼛조각 몇 점이 드러나 있다. 이후 이 뼛조각은 스콧 무어만의 것으로 밝혀진다. 누가 그를 이곳에 묻었으며, 나머지 사람들은 어디로 갔는지는 여전히 수수께끼로 남아 있다.

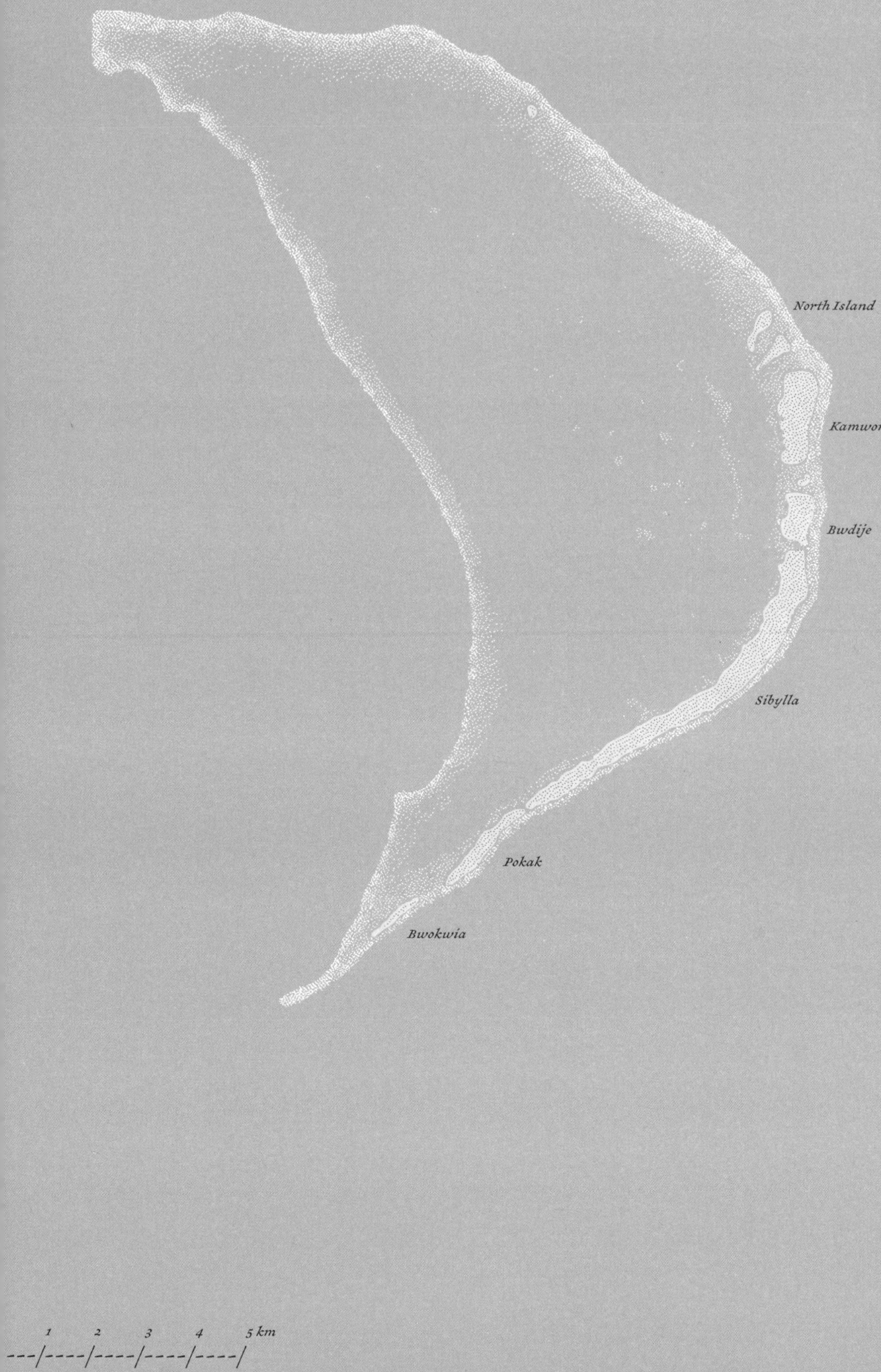
North Island
Kamwome
Bwdije
Sibylla
Pokak
Bwokwia
1
2
3
4
5 km

102 태평양

29° 2' S
167° 57' E

노퍽섬 (오스트레일리아)

영어 *Norfolk Island* | 노퍽어 *Norfuk Ailen*
34.6km² | 주민 1,748명

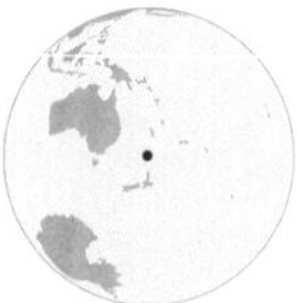

740 km → 뉴질랜드

1390 km → 오스트레일리아

1850 km → 티코피아 (132)

1500 — 1600 — 1700 — 1800 — 1900 — 2000

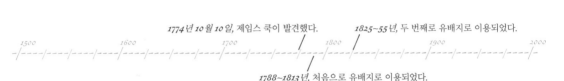

1774년 10월 10일, 제임스 쿡이 발견했다.

1788~1813년, 처음으로 유배지로 이용되었다.

1825~55년, 두 번째로 유배지로 이용되었다.

이 낙원으로의 유배는 범죄자에게 가장 혹독한 형벌이다. 이 지옥에서 살아 돌아오는 사람은 아무도 없다. 죄수들은 시선을 떨어뜨린 채 입술을 움직이지 않고 말을 한다. 그들은 노천 채굴장이나 해안가 암초의 산호 벽에서 석회석을 캔다. 비록 이 일이 중노동이기는 해도, 독방에 갇혀 있는 것보다는 훨씬 낫다. 점심으로는 감자와 옥수수죽, 가죽처럼 질긴 소금에 절인 고기가 나온다. 물은 양동이에서 떠마셔야 한다. 저녁에는 조금이라도 저항의 기미가 있는 죄수들은 아홉 개의 끈이 달린 채찍으로 정신을 잃을 때까지 매질을 당한다. // 1840년 5월 25일은 월요일로, 여왕의 탄신일이다. 항구에서는 배들이 예포를 쏘는데, 여왕의 나이 한 살마다 한 발씩, 총 21발이 발사된다. 취임한지 몇 주밖에 안 된 알렉산더 매커너키(Alexander Maconochie) 소장이 여왕 탄신 축하행사의 시작을 알린다. *"모두 마음대로 돌아다녀도 좋다!"* 교도관은 물론 죄수들도 소장의 말이 믿기지 않아 어리둥절해한다. 이어 죄수들을 묶은 쇠사슬이 풀리고, 감시도 풀린다. 그리고 문이란 문은 모두 열린다. 교도관들도 이날만큼은 죄수들과 함께 어울려 진짜 럼주를 몇 방울 떨어뜨린 펀치가 담긴 잔을 치켜들고 먼 곳에 있는 여왕의 안녕을 위해 축배를 든다. // 소장은 문이 활짝 열린 감옥 내부를 둘러보고, 죄수들은 언덕을 어슬렁거리며 침엽수림을 돌아다닌다. 저녁에는 모두 함께 야외에서 식사를 한다. 신선한 돼지고기가 나오고, 불꽃놀이도 열리고, 죄수들이 준비한 여흥도 펼쳐진다. 〈리처드 2세〉의 천막 장면이 상연된다. 한 죄수가 어린아이처럼 흥분해서 혼파이프(hornpipe, 영국에서 유행했던 뱃사람들의 춤)를 추고 있고, 다른 한 죄수는 오페라 〈안달루시아 성〉의 가장 유명한 아리아인 늑대의 노래를 부르고 있다. *"늑대가 먹이를 찾아 돌아다니는 밤, / 달을 향해 짖는 끔찍한 울음소리 / 문에는 빗장이 걸렸구나, 헛된 저항이지! / 여자들은 비명을 지른다, 하지만 도와주는 이는 없다 / 조용히 해라, 안 그러면 최후를 맞이할 테니 / 너의 열쇠, 너의 보석, 돈, 그릇 / 자물쇠, 나사, 빗장은 모두 산산이 날아가리라 / 그러면 총을 쏘고, 강탈하고, 약탈하는 일만 남았다."* // 국가가 울려 퍼진 뒤 나팔 신호가 울린다. 모두들 감옥으로, 막사로 돌아간다. 보고될 만한 어떤 사건도 이날 일어나지 않았다.

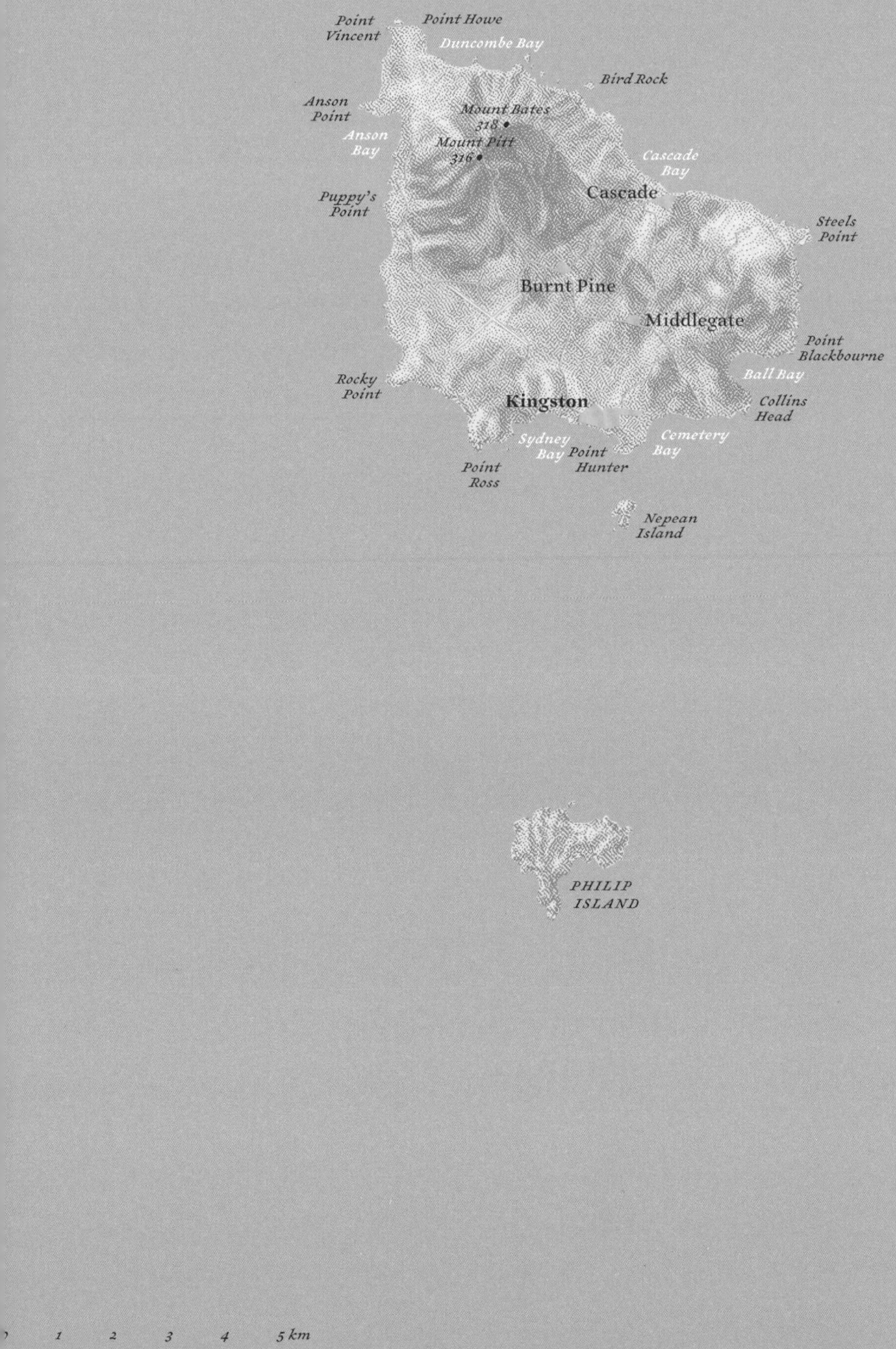
Point Vincent
Point Howe
Duncombe Bay
Bird Rock
Anson Point
Anson Bay
Mount Bates 318
Mount Pitt 316
Cascade Bay
Cascade
Puppy's Point
Steels Point
Burnt Pine
Middlegate
Point Blackbourne
Ball Bay
Rocky Point
Kingston
Collins Head
Cemetery Bay
Sydney Bay
Point Hunter
Point Ross
Nepean Island
PHILIP ISLAND
1
2
3
4
5 km

10° 53' S
165° 51' W

푸카푸카 (쿡제도)

Pukapuka | 영어 *Danger Islands* [›위험한 섬‹]
3km² | 주민 444명

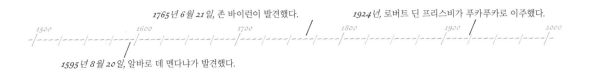

700 km → 사모아
1300 km → 라로통가
2680 km → 나푸카 (86)

1765년 6월 21일, 존 바이런이 발견했다.
1924년, 로버트 딘 프리스비가 푸카푸카로 이주했다.
1595년 8월 20일, 알바로 데 멘다냐가 발견했다.

로버트 딘 프리스비(Robert Dean Frisbie)는 푸카푸카 교역소의 베란다에 앉아 있다. 그의 뒤쪽으로는 마을의 절반이 자리해 있고, 앞쪽에는 해안가 여기저기 흩어져 있는 오두막집들이 있다. 아이들은 얕은 물가에서 놀고 있고, 나이 든 여자들은 산들산들 부는 밤바람을 맞으며 판단(Pandan, 판다누스과의 열대 식물) 잎으로 모자를 엮고 있고 있다. 저 멀리 수평선에서는 어부들의 카누가 돌아오고 있다. // 그때 갑자기 한 이웃 여자가 프리스비를 향해 달려온다. 실오라기 하나 걸치지 않은 그녀의 물에 흠뻑 젖은 머리카락이 황갈색 피부에 찰싹 달라붙어 있다. 숨을 헐떡거리며 다급하게 무언가의 병 하나를 달라고 말하는 그녀의 젖가슴이 오르내리고 있다. 프리스비는 재빨리 그녀가 찾는 병을 건네준다. 병을 들고 어스름 속으로 사라져가는 그녀의 뒷모습을 눈으로 한참 좇던 프리스비는 묘한 흥분을 느낀다. 이곳에 수년째 살고 있지만, 그는 여전히 알몸을 보는 데 익숙하지 않다. 이 점에서 그는 아직 이곳에서와 같은 자유를 상상해 본 적도 없던, 클리블랜드(Cleveland, 미국 동부의 도시)에서 온 소년에 지나지 않는다. 푸카푸카에서는 신부가 처녀인지에 관심 갖는 사람은 아무도 없다. 푸카푸카 사람들의 언어에는 이러한 여성의 생리학적 상태, 즉 처녀성의 유무를 표현하는 단어는 존재하지 않는다. 사생아를 낳은 여자는 사람들의 존경을 받는 건 물론이고, 결혼할 수 있는 가능성도 높아진다. 아이를 가질 수 있다는 것을 입증했기 때문이다. 어스레한 어둠이 몰려오면, 세 마을의 젊은이들은 바닷가 끄트머리에 모여든다. 그곳에서 그들은 싸우고, 춤을 추고, 노래를 부르고, 함께 잔다. 셋 이상이 함께인 경우가 일반적이다. 섹스는 놀이와 같고, 질투는 있을 수 없는 일이다. 노래를 부르는 것은 섹스의 전희이자 후희인데, 이에 대해서는 세대별로 의견 차이가 있다. 나이 든 여자들은 섹스 전과 후에 꼭 노래를 불러야 한다고 생각하지만, 젊은 여자들은 섹스 후에만 불러야 한다고 본다. 그러나 섹스 중에 노래를 불러서는 안 된다는 데는 모두들 한목소리를 낸다. 섹스가 끝나고 나면, 여자와 남자는 함께 바다에서 목욕을 한다. // 이런 일에 있어서는 푸카푸카가 클리블랜드보다 앞서 있다고 생각하며 로버트 딘 프리스비는 베란다의 불을 끈다.

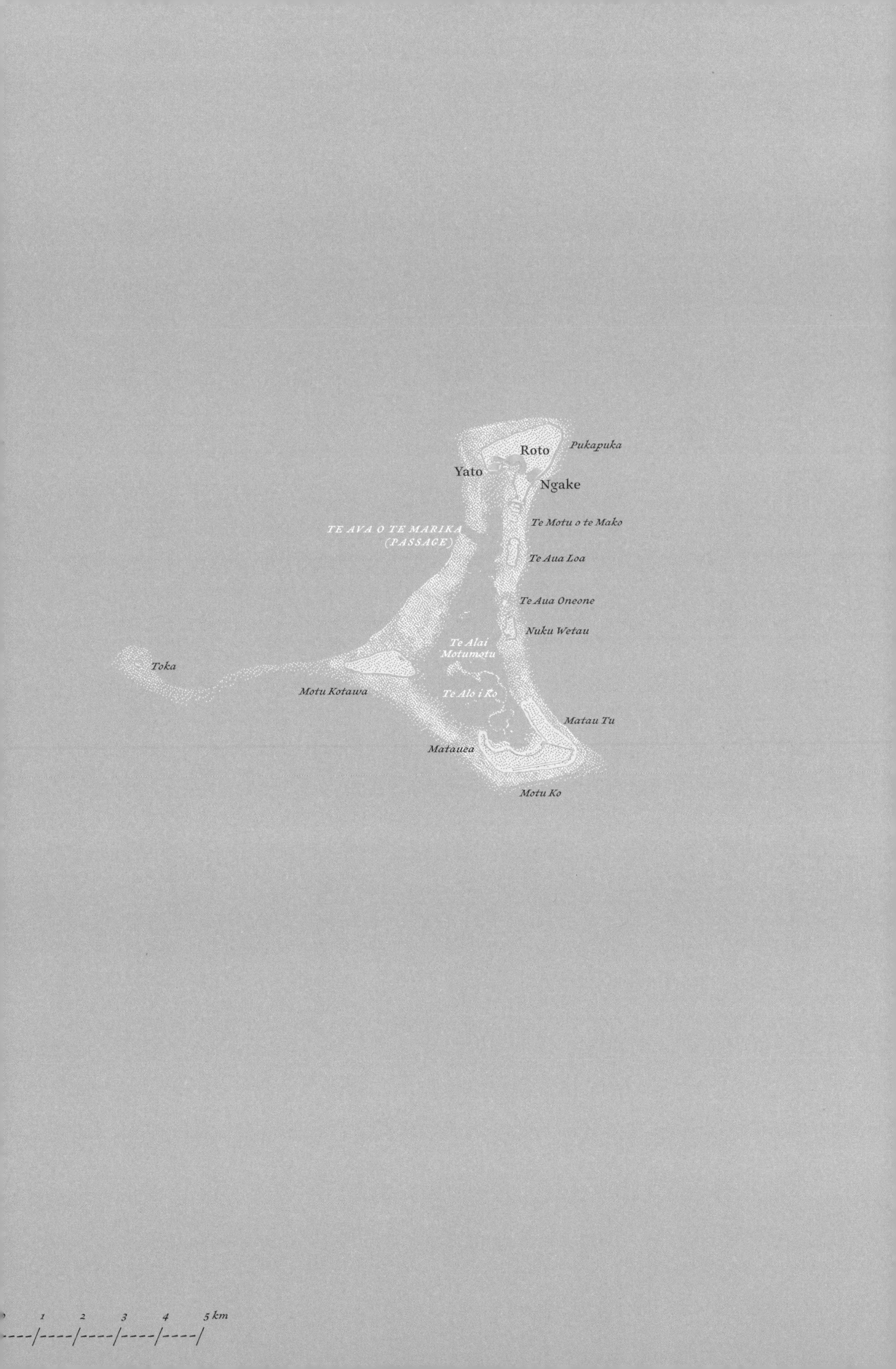
Pukapuka
Roto
Yato
Ngake
Te Motu o te Mako
TE AVA O TE MARIKA
(PASSAGE)
Te Aua Loa
Te Aua Oneone
Nuku Wetau
Te Alai
Motumotu
Toka
Motu Kotawa
Te Alo i Ko
Matau Tu
Matauea
Motu Ko
1
2
3
4
5 km

106 태평양

49° 41′ S
178° 46′ E

앤티퍼디스섬 (뉴질랜드)

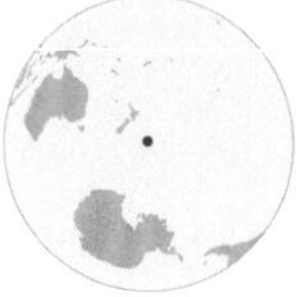

영어 *Antipodes Island* [›대척점섬‹], 옛 이름 *Penantipode Isle*

21km² | 무인도

740 km → 뉴질랜드

2370 km → 남극

2270 km → 라울섬 (124)

1800년 3월 26일, 헨리 워터하우스가 발견했다.

우리 모두는 지구 반대편에 우리와 닮은 도플갱어(doppelgänger)가 있기를 갈망한다. 우리가 살고 있는 이 지구 반대편에, 위아래가 반대여서 우리와 발을 마주한 채 중력으로 매달려 있는 그런 존재를 말이다. 이 사람들이 사는 곳은 우리가 사는 곳과 같은 경도선 위에 있고, 위도는 정반대다. 그쪽의 계절은 이쪽의 계절과 반대고, 그곳의 시간은 이곳보다 앞서간다. 우리가 사는 곳에 겨울이 찾아오면 그들이 사는 곳은 여름이고, 우리 시간이 정오면 그곳의 시간은 자정이다. 그러나 '대척점(지구 중심을 사이에 둔 지구상의 반대편 지점)섬'이란 뜻의 이름을 가진 이 섬은 아무도 살지 않는 무인도이다. 알록달록한 깃털을 머리에 달고 있는 펭귄과 물개 몇 마리가 바위 사이로 어슬렁거리고 있을 뿐이다. 헨리 워터하우스(Henry Waterhouse) 선장은 이 섬을 오스트레일리아의 포트잭슨을 출발해 영국으로 항해하는 중에 발견한다. 그가 계산하기로는 이 섬은 경도의 원점인 그리니치의 거의 지구 정반대편에 자리 잡고 있다. 또, 워터하우스는 이 섬이 브리튼제도의 모습을 그대로 빼다 박은 축소판 같다고 생각한다. 이곳에서 고향인 런던까지는 남극에서 북극까지의 거리만큼 멀기 때문에, 런던까지 가는 어떤 항로를 택하든 마찬가지일 것이다. 영국과 이곳은 지구의 중심을 지나는 가상의 선의 양 끝에 자리하고 있다. // 그러나 두 곳이 같지는 않다. 워터하우스의 고국과 이곳은 아주 다르다. 여기 이 섬은 산투성이에 나무는 없으며, 멕시코 만류의 따뜻한 공기가 유입되지 않기 때문에 춥고 풍랑은 거센 험악한 기후를 보인다. 그래서 이 섬에 들여온 소들은 칙칙한 빛의 초원에서 소리 없이, 빠르게 죽어나간다. 출렁이는 파도가 들쑥날쑥한 해안선을 따라 파인 동굴에 부딪치고, 천둥처럼 울려 퍼지는 메아리는 잦아들 줄 모른다.

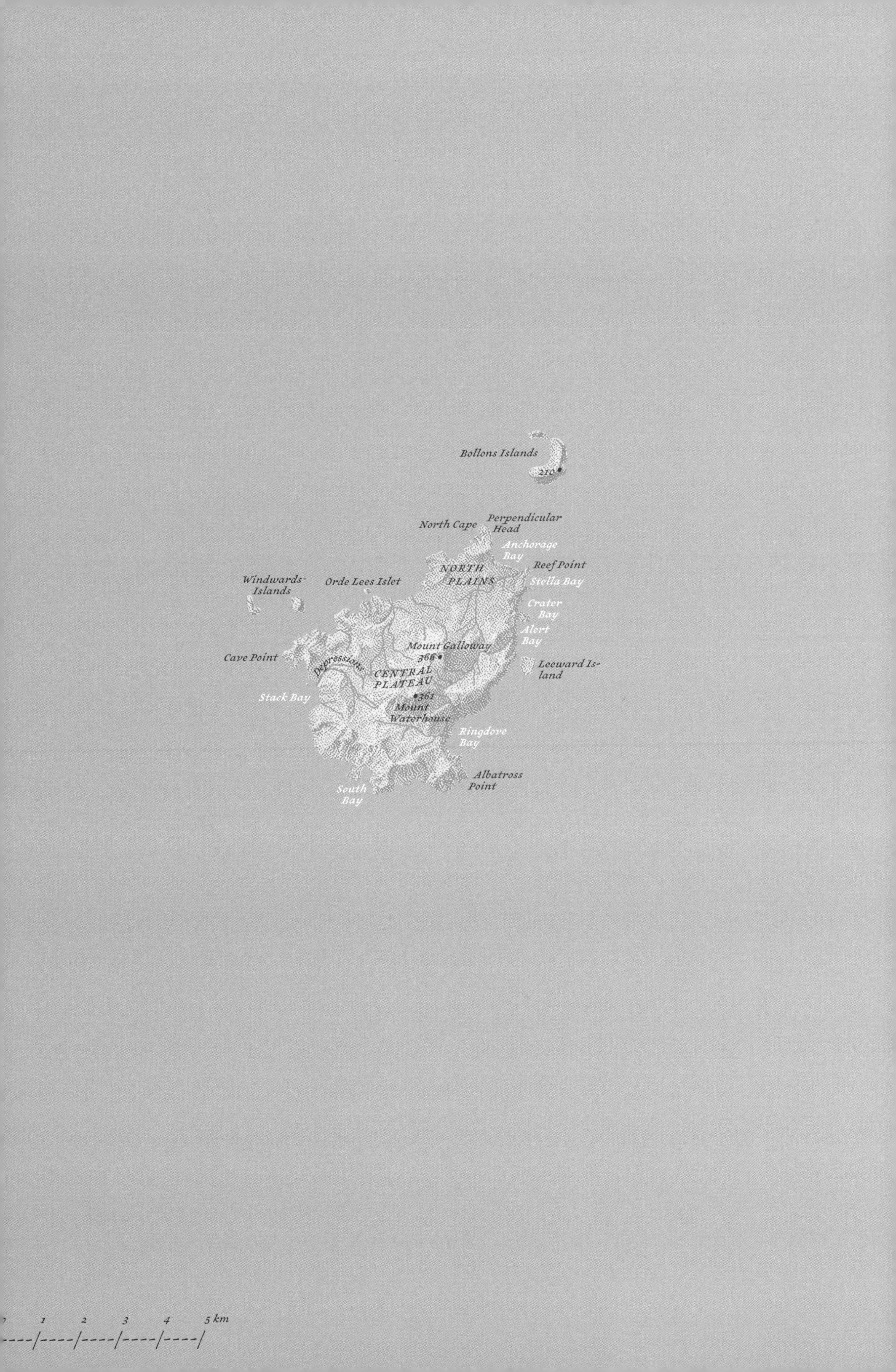

Bollons Islands
210
North Cape
Perpendicular Head
Anchorage Bay
Reef Point
NORTH PLAINS
Stella Bay
Windwards Islands
Orde Lees Islet
Crater Bay
Alert Bay
Mount Galloway
366
Cave Point
Depressions
CENTRAL PLATEAU
Leeward Island
Stack Bay
361
Mount Waterhouse
Ringdove Bay
Albatross Point
South Bay
0 1 2 3 4 5 km

1° 18′ S
90° 26′ W

플로레아나 *갈라파고스제도* (에콰도르)

스페인어 *Floreana, Santa María* | **영어 옛 이름** *Charles Island*

173km² | 주민 100명

50 km → 이사벨라섬

1050 km → 에콰도르

830 km → 코코섬 (136)

1535년 3월, 토마스 데 베를랑가가 발견했다.

1793년, 북쪽 만에 우체국이 세워졌다.

1929년, 독일인들이 이주했다.

등장인물: 교사인 도레 슈트라우쉬(Dore Strauch)는 자기보다 나이가 곱절이나 많은 고등학교 교장 곁에서 살아가는 것보다 훨씬 더 훌륭한 일을 하기 위해 태어난 인물이다. 그리고 주름진 이마에 깜빡거리는 눈을 가진 베를린 출신 치과의사인 프리드리히 리터(Friedrich Ritter) 박사는 인간의 뇌의 지도를 만들고자 하고, 자신은 문명 세계에서 더는 얻을 게 없다고 생각하는 인물이다. 1929년에 이 두 사람은 각자의 배우자를 떠나 국가 권력이 영향을 미치지 못하는 곳, 자기 몸은 자기가 책임져야 하는 곳을 찾아 나선다. // 무대: 그 어떤 개척의 시도에도 굴복하지 않고 이겨낸 외딴섬이다. 한 사화산의 풀이 우거진 분화구에 프리드리히와 도레는 '프리도(Frido, 평화)'라는 이름의 농장을 세워서, 골함석과 스테인리스스틸로 오두막집을 짓고 땅 한 뙈기를 경작하며 살아간다. // 세상에서 멀리 떨어져 있는 이 은신처에서 그들은 사람이 찾아올 때만 옷을 걸친다. 처음에는 '갈라파고스의 아담과 이브'의 이야기를 신문에 기고하고 싶어 하는 호기심 많은 사람들이 찾아오지만, 얼마 후부터는 그 두 사람을 따라하려는 모방자들이 나타난다. *"우리 섬처럼 발을 들여놓기 힘든 벽지에 이렇게 사람들이 자주 찾아온다는 게 믿기지 않는다."* // 1932년, 야외무대에 등장한 새로운 이주자: 오스트리아 출신의 엘로이즈 바그너 드 부스케(Eloise Wagner de Bousquet)라는 여자는 자신을 여남작이라 소개한다. 커다란 치아에 가는 눈썹을 가진 그녀는 이 섬에 부자들을 위한 호화로운 호텔을 짓고 싶어 한다. 이 섬에 들어올 때 그녀는 혼자 오지 않고 암소, 당나귀, 닭, 시멘트 4톤 그리고 두 명의 애인을 데리고 왔다. 한 명은 로렌츠라는 연한 금발의 허약한 청년이고, 다른 한 명은 필립슨이라는 건장한 청년이다. 이 청년들은 여남작의 기분을 풀어주고 욕구를 충족시켜 주는 노예와 다름없다. 얼마 후, 여남작은 여제 노릇을 하며 자기 '기사들'에게 횡포를 부리고, 채찍과 권총으로 다스린다. 하인인 로렌츠를 괴롭힐 뿐 아니라, 오로지 다시 낫게 해줄 생각으로 동물을 해치기도 한다. 그러나 그녀가 이곳에 짓고 싶어 한 호텔은 완성되지 못한다. '아시엔다 파라디소(Hacienda Paradiso, 낙원의 저택)'는 네 개의 기둥 위에 펼쳐진 천막에 지나지 않는다. // 희극은 이내 범죄극으로 바뀐다. 1934년에 여남작과 필립슨은 흔적도 없이 사라지고, 얼마 후 로렌츠의 유골이 이웃 섬 해변에서 발견된다. 리터 박사는 고기를 먹고 식중독에 걸려 사망하고, 오직 도레만이 살아서 베를린으로 돌아온다. 전 세계 신문은 갈라파고스 사건에 대한 추측성 기사를 쏟아낸다. *"범인은 누구일까?"*

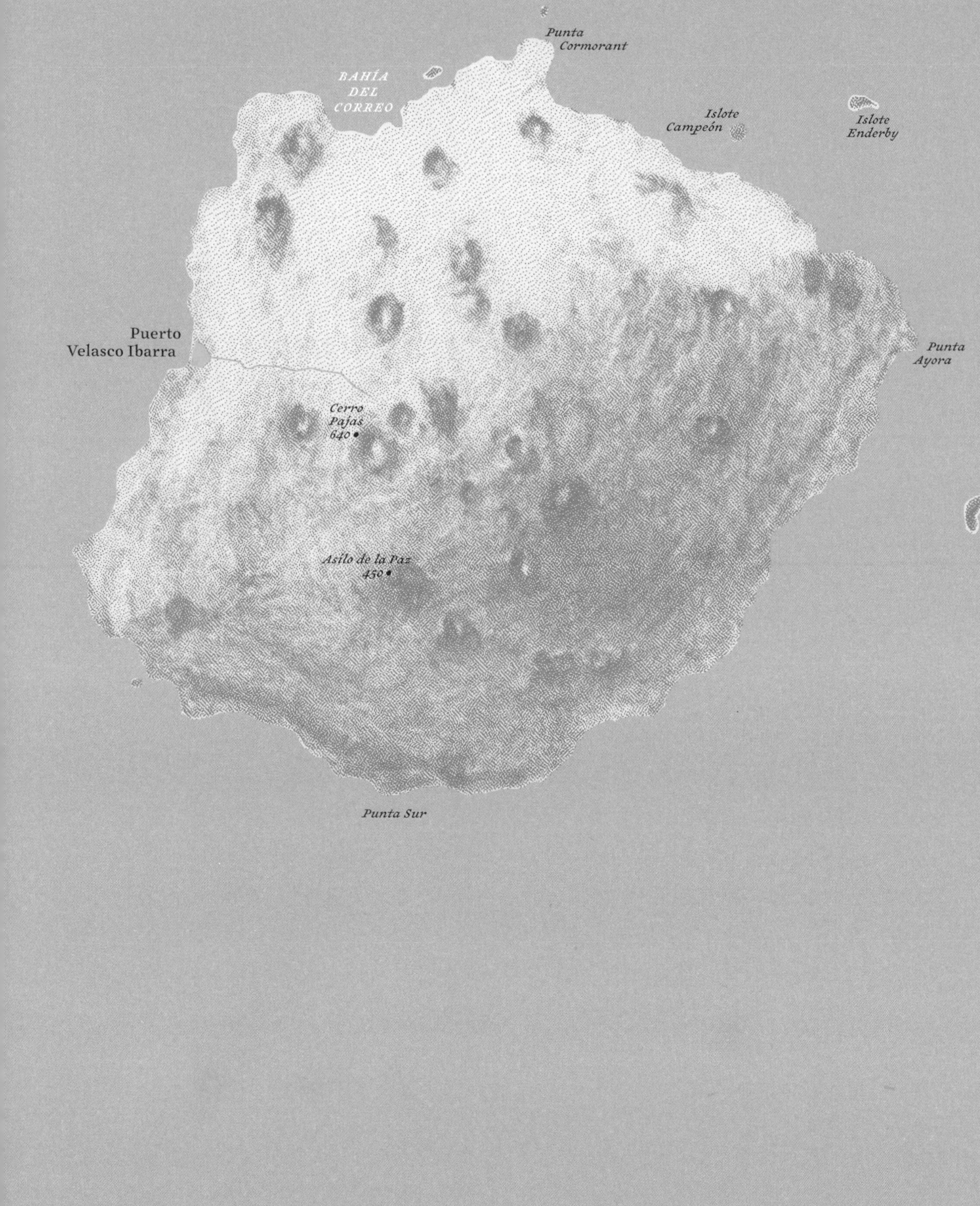
Punta
Cormorant
BAHÍA
DEL
CORREO
Islote
Campeón
Islote
Enderby
Puerto
Velasco Ibarra
Punta
Ayora
Cerro
Pajas
640
Isla
Caldwell
Asilo de la Paz
450
Punta Sur
1 2 3 4 5 km

0° 51' S
169° 32' E

바나바 (키리바시)

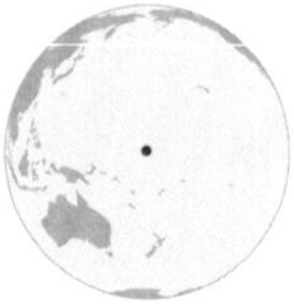

Banaba | 영어 *Ocean Island*
6.5km² | 주민 330명

290 km → 나우루
440 km → 길버트제도
1550 km → 하울랜드섬 (92)

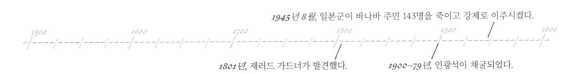

1945년 8월, 일본군이 바나바 주민 143명을 죽이고 강제로 이주시켰다.
1801년, 재러드 가드너가 발견했다.
1900~79년, 인광석이 채굴되었다.

바나바 사람들에게 가장 중요한 도구는 야생 아몬드나무와 날카롭게 벼린 거북이 등껍질로 만들어져 있다. 이 도구는 코코넛의 검은 재에 소금과 신선한 물을 섞어 만든 잉크로 피부에 문신을 새기는 데 사용된다. 그들이 새기는 문신의 패턴은 엄격하게 정해져 있는데 홑선과 겹선, 직선과 곡선으로 이루어진 깃털 모양이다. 이런 깃털 모양 문신은 머리와 다리뿐 아니라 거의 몸 전체에 새겨진다. 이렇게 문신을 새기는 이유는 사후 세계를 준비하기 위해서이다. // 사람이 죽으면 그 영혼은 서쪽으로 떠난다. 그곳에서 새 머리 모양을 한 네이 카라마쿠나(Nei Karamakuna)라는 여자가 나타나 죽은 사람의 길을 막고 자신이 좋아하는 '먹이', 즉 그 사람의 피부에 새겨진 문신을 요구한다. 카라마쿠나는 강한 부리를 이용하여 죽은 사람의 팔다리와 얼굴에 스며 있는 잉크를 쪼아 먹는다. 보답으로 그녀는 죽은 사람에게 영혼의 눈을 선사하고, 이 눈 덕분에 죽은 사람은 저승으로 가는 길을 쉽게 찾아낸다. 그러나 죽은 사람의 몸에 문신이 새겨져 있지 않으면 카라마쿠나는 이 사람의 눈을 파먹는다. 그러면 이 사람은 장님이 되어 영원히 떠돌게 된다. // 바나바 사람들은 죽은 사람을 땅에 묻지 않는다. 대신 살이 썩어 없어질 때까지 집에 그대로 매달아둔다. 남은 뼈는 바다로 가져가 깨끗이 씻은 후 머리뼈와 몸을 분리해 몸의 뼈는 집 밑에 보관하고, 머리뼈는 젊은 남자들이 군함새로 놀이를 하는 석단의 돌 아래에 묻는다. 젊은이들은 길들인 군함새 주위에서 춤을 추면서 새들을 향해 물건을 집어 던진다. 이런 행위는 새들이 더 이상 움직이지 못하고 날개를 땅바닥에 축 늘어뜨릴 때까지 계속된다. // 하지만 이 섬의 창조자는 새들이다. 새들은 잔잔한 파도 위에 머무르면서 똥을 쌌고, 똥은 바다에 가라앉아 산호초의 석회석 위에 굳어서 인광석이 되었다. 이후 인광석이 수십 미터 넘게 겹겹이 쌓여 서서히 해수면 위로 솟아올라 순수한 인광석으로 이루어진 섬이 만들어졌다.

Tabwewa
86
Tabiang
Ooma
Lilian Point
Home Bay
Sydney Point
1
2
3
4
5 km

52° 32′ S
169° 9′ E

캠벨섬 (뉴질랜드)

영어 *Campbell Island*
113.3km² | 무인도

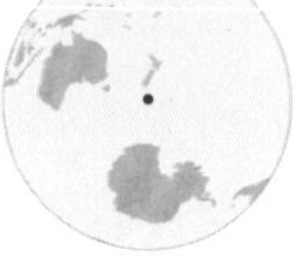

1900 km → 남극
660 km → 뉴질랜드
730 km → 앤티퍼디스섬 (106)

1500 1600 1700 1800 1900 2000

1995년 10월 15일, 기상 관측소가 폐쇄되었다.

1810년 1월 4일, 프레더릭 하셀보로가 발견했다.

1874년 12월 8일, 하늘이 온통 흐리다. 이날 밤은 변덕스러운 날씨에 안개까지 잔뜩 끼여 있다. // 이곳에서 금성의 태양면 통과가 시작되는 것을 관측할 수 있는 확률은 60퍼센트였고, 전체 과정을 끝까지 볼 수 있는 확률은 30퍼센트였다. 자크마리 자크마르(Jacques-Marie Jacquemart) 선장은 작년 12월, 거의 한 달 내내 이 섬에 머물면서 이런 결론을 내렸다. 당시 그는 섬의 날씨를 관찰하고 기상 관측소를 세우기에 적당한 장소를 찾아다녔다. // 그의 보고를 바탕으로 프랑스과학아카데미는 탐험대를 보내 이 섬에서 금성의 태양면 통과를 관측하게 한다. 6월 21일에 정부 지원금을 두둑이 받은 탐험대가 해도 제작 전문가인 해군 장교 아나톨 부케 드 라 그리(Anatole Bouquet de la Grye)의 지휘 아래 마르세유를 떠난다. // 9월 9일, 마침내 캠벨섬이 어렴풋이 보인다. 이 섬의 첫 인상이 탐험대원들을 우울하게 만든다. 나무 한 그루 없는 척박한 이 섬의 북쪽에는 제멋대로 자란 노란 풀덤불이 펼쳐져 있고 남쪽에는 이상한 모양의 산봉우리가 솟아 있는데, 그 사이에는 피오르(fjord, 빙하의 침식으로 만들어진 골짜기에 빙하가 없어진 후 바닷물이 들어와서 생긴 좁고 긴 만)가 있다. // 12월 9일 오전, 북서풍이 불어와 10시쯤부터 간간이 소나기가 내린다. 하늘엔 잿빛이 가득하다가, 태양의 온기가 안개를 약간 걷어내더니 마침내 짙은 장막 속에서 창백한 흰 원반이 모습을 드러낸다. 잠시 후 금성의 태양면 통과가 시작되기 5분 전에는 바람도 잦아든다. 정시가 되자 아나톨 부케 드 라 그리는 망원경의 접안렌즈를 들여다보다가, 태양의 가장자리에서 울퉁불퉁하고 희미한 검은 점을 보자 환성을 질러댄다. 바로 금성이다. 그러나 얼마 후 짙은 구름이 몰려와 100년에 한 번 꼴로 나타나는 현상을 덮어버린다. 그것도 15분이 넘도록 말이다. 하늘을 뒤덮은 구름이 걷혔을 때 금성은 이미 태양에 반쯤 들어서고 있다. 이제 금성은 빛의 굴절이나 후광도 없이 뚜렷한 윤곽을 드러내고 있다. 하지만 이 상태는 20초도 지속되지 않는다. // 그리고 모든 것이 끝나버린다. 잔뜩 피어오른 안개 때문에 태양은 더 이상 보이지 않는다. 몇 시간 후 날씨가 개자 금성은 이미 하늘로 사라지고 없다.

Isle de Jeanette Marie
North Cape
Borchgrevink Bay
Courrejolles Point
Hooker Stream
Mount Faye 347
Cossack Rock
Gomez Island
Buchanan Stream
Mount Azimuth 479
Cook Point
Northeast Harbour
McDonald Point
Dent Island
Northeast Stream
Smoothwater Bay
Mount Lyall 420
Penguin Bay
Ramp Point
Penguin Point
Cattle Bay
Complex Point
Northwest Bay
East Cape
PERSEVERANCE HARBOUR
ook Keys
Mount Paris 468
Menhir
Camp Stream
Davis Point
Erebus Point
Rocky Bay
Mount Honey 558
Mount Dumas 500
South Point
Monowai Island
Wasp Island
Survey Island
Kirk Stream
Shag Point
Antarctic Bay
Southeast Harbour
Monument Harbour
Jacquemart Island
1
2
3
4
5 km

6° 13' N
160° 42' E

핀지랩 *캐롤라인제도* (미크로네시아연방)

Pingelap | 영어 옛 이름 *Musgrave, MacAskill Island*
1.8km² | 주민 258명

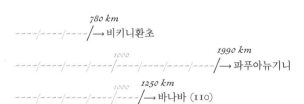

780 km → 비키니환초

1990 km → 파푸아뉴기니

1250 km → 바나바 (110)

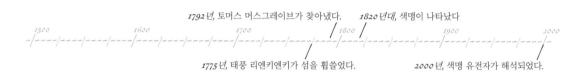

1792년, 토머스 머스그레이브가 찾아냈다.
1820년대, 색맹이 나타났다
1500 1600 1700 1800 1900 2000
1775년, 태풍 리엔키엔키가 섬을 휩쓸었다.
2000년, 색맹 유전자가 해석되었다.

이 섬에서는 돼지의 색조차도 흑백이다. 핀지랩에 사는 75명의 색맹들을 위해 특별히 만들어지기라도 한 것처럼. 핀지랩의 주민들은 일몰의 강렬한 붉은색, 바다의 푸른색, 잘 익은 파파야 열매의 샛노란 색, 그리고 빵나무, 코코넛나무, 맹그로브로 이루어진 울창한 밀림의 사시사철 짙은 초록색을 알아볼 수가 없다. // 이 섬에 사는 사람들이 색깔을 구분할 수 없게 된 원인은, 8번 염색체에서 일어난 미세한 변이와 수백 년 전 이 섬을 휩쓸고 간 태풍 리엔키에키(Lienkieki)에 있다. 당시 불어닥친 태풍과 뒤이은 기근으로 핀지랩에 사는 많은 사람들이 목숨을 잃었고, 살아남은 사람은 단 20명뿐이었다. 그들 중 한 사람이 열성 유전자를 가지고 있었고, 얼마 지나지 않아 근친혼 탓에 그 형질이 발현되었다. 완전한 색맹인 사람이 다른 지역에서는 3만 명 중 한 명 꼴인 데 반해, 오늘날 핀지랩 주민들 중에서는 10명 중 한 명이 그렇다. // 그들은 머리를 숙인 채 쉴 새 없이 눈을 깜빡거리고, 또 늘 찡그리고 있는 눈 주위엔 경련이 일고, 가늘게 뜬 눈 때문에 콧등에는 주름이 져 있다. 빛이 내리쬐는 한낮을 피해 어스름한 저녁때가 되어야 그들은 집을 나서곤 한다. 그들이 사는 집의 창문에는 알록달록한 색의 필름이 붙어 있다. 어스름한 어둠 속에서 그들은 활발히 활동하고, 누구보다 훨씬 더 자유롭게 움직인다. // 그들 중 많은 이들이 자신이 꾼 꿈을 완벽히 기억한다고 한다. 그리고 몇몇 사람들은 밤이 되어도 깊은 바닷속의 어두운 물고기 떼를 볼 수 있다고 한다. 물고기의 지느러미에 비치는 희미한 달빛을 보고 알 수 있다는 것이다. // 그들은 자신들이 세계를 흑백으로 볼지는 몰라도, 색깔을 구분할 수 있는 사람들이 못 보는 것을 볼 수 있다고 말한다. 음영과 소리의 상상도 할 수 없는 미세한 차이 같은 것들 말이다. 색이라는 것이 얼마나 화려하고 다채로운지와 같은 무의미한 이야기가 화제에 오르면 그들은 늘 화를 낸다. 그들의 눈에 색이란 사물의 본질인 다양한 모양, 음영, 형태, 대비를 보지 못하게 하는 걸림돌이기 때문이다.

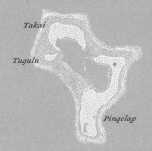

Takai
Tugulu
Pingelap
1
2
3
4
5 km

27° 9' S
109° 25' W

이스터섬 (칠레)

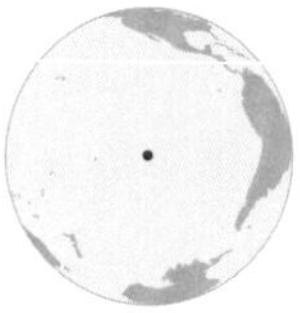

스페인어 *Isla del Pascua* [›부활절섬‹] | **라파누이어** *Rapa Nui, Te Píto O Te Henua* [›세계의 배꼽‹]
163.6km² | 주민 7,750명

3690 km → 칠레
4190 km → 타히티
2970 km → 로빈슨크루소섬 (90)

1687년, 해적 에드워드 데이비스가 목격한 것으로 추정된다.
1722년 4월 5일(부활절 일요일), 야코프 로헤베인이 찾아냈다.
1888년 9월 9일, 칠레령이 되었다.

찰스 다윈이 이곳에 들르지 않은 건 놀랍지 않다. 동물도 식물도 거의 없고, 다윈이 목표로 삼았던 갈라파고스제도의 풍요로움은 카누를 타고 몇 주일 걸려 가야 하는 거리에 있다. // 쑥쑥 자라 한때 이 섬을 뒤덮었던 거대한 야자나무의 높이가 얼마나 되는지 알고 있는 사람은 지금 아무도 없다. 야자나무 줄기에서 흘러나오는 즙은 발효하여 꿀처럼 달콤한 술을 만들고, 목재로는 뗏목 그리고 석상을 옮기는 데 사용되는 밧줄을 만들었다. // 이 섬 해안에는 긴 얼굴에 눈이 움푹 들어가고 목이 없는, 돌로 된 괴물들이 살고 있다. 이 괴물의 피부는 비바람에 긁혀 있고, 입은 고집 센 어린아이처럼 일그러져 있다. 축제가 열리는 날이면 딱딱하게 굳은 화산재로 만들어진 이 감시자들은 이끼 낀 등을 바다로 향한 채 흰 산호로 된 눈으로 야자나무 숲을 감시한다. // 이스터섬의 열두 부족은 경쟁적으로 점점 더 거대한 석상을 만들고, 밤이 되면 다른 부족이 만들어놓은 석상을 몰래 넘어뜨린다. 또 자신들의 땅을 과도하게 개간하고 경작한다. 어디 그뿐인가. 마지막 남은 나무들마저 베어내고, 톱으로 가지를 잘라낸다. 이러한 행위는 종말의 시작이다. 주민들은 천연두로 죽어나가거나 그들의 섬에서 노예로 전락하고, 섬을 거대한 양떼 목장으로 만들어버린 소작농들을 위해 일하는 농노가 된다. 1만 명에 달했던 이스터섬의 주민은 단 111명만이 남는다. 야자나무는 완전히 사라지고, 돌로 된 감시자들은 모두 땅바닥에 쓰러져 있다. // 고고학자들은 쓰러져 있는 이 돌 괴물들을 다시 일으켜 세우고 남아 있는 흔적을 찾는다. 땅속에 묻힌 씨를 찾아 땅을 파고, 쓰레기더미를 뒤지고, 뼛조각과 새카맣게 탄 나무를 주워 모은다. 물결 모양으로 새겨진 롱고롱고(Rongorongo, 이스터섬에서 쓰인 것으로 추정되는 문자)를 해독하고, 딱딱하게 굳은 표정의 석상의 얼굴에서 옛날 이 섬에 무슨 일이 일어났는지 알아내려고 애를 쓴다. // 오늘날, 70개의 화산으로 이루어진 황량한 이 이스터섬에 나무라고는 한 그루도 자라지 않는다. 그러나 이 섬에 있는 비행기 활주로는 우주왕복선도 비상착륙할 수 있을 만큼 거대하다. 세상이 종말을 맞을 수 있다는 건 잘 알려진 사실이다. 이스터섬은 불운한 일들의 연쇄가 자멸로 이어짐을 보여주는 적절한 사례이다. 망망대해에 고립된 한 마리 레밍처럼.

Cabo Norte
Punta San Juan
Caleta Anakena
Punta Rosalia
BAHÍA DE LA PÉROUSE
Maunga Terevaka
507
Cerro Puhi
302
Maunga Puakatike
370
POIKE
Volcán Rano Raraku
Islote Tautara
Hutuiti
Motu Marotiri
Punta Cook
Maunga O Tu'u
300
nga Roa
Punta Cuidado
Cerro Tuutapu
270
Piko
Maunga Orito
220
veri
Punta Baja
Punta Redonda
Rada Benepu
Volcán Rano Kao
Punta Kikiri Roa
Cabo Sur
Nui
1
2
3
4
5 km

118 태평양

25° 3' S
130° 6' W

핏케언섬 (영국)

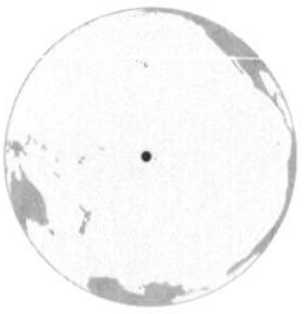

영어 *Pitcairn Island* | 핏케언어 *Pitkern Ailen*

4.5km² | 주민 40명

480 km → 갬비어제도

2120 km → 타히티

2070 km → 이스터섬 (116)

1767년 7월 2일, 로버트 핏케언이 발견했다.

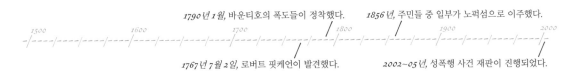

1790년 1월, 바운티호의 폭도들이 정착했다.

1856년, 주민들 중 일부가 노퍽섬으로 이주했다.

2002~05년, 성폭행 사건 재판이 진행되었다.

이 섬보다 더 좋은 은신처는 없다. 무역로에서 멀리 떨어져 있는 이 섬은 해군 지도에서 잘못된 곳에 표기되어 있다. 선원들은 폭동을 일으켰고, 그들의 행위는 죽고 난 뒤 심판받을 것이다. 하지만 고향에는 돌아갈 수 없다. 선원들뿐 아니라, 타히티에서 끌려온 여자들도 마찬가지다. 영국에 돌아간다면 감옥에 갇히게 될 신세다. 이곳 핏케언섬에서도 갇혀 있는 셈이지만. *"여기서 지내는 건 또 다른 형태의 죽음에 지나지 않소."* 모닥불 앞에 앉아 있는 선원들에게 플레처 크리스천(Fletcher Christian)이 말한다. 한밤이 되자, 그 타다 남은 모닥불로 선원 두 명이 바운티(Bounty)호에 불을 지른다. 고향으로 돌아가면 교수대에 매달려 죽게 될 것이 뻔하기 때문이다. 부항해사 크리스천은 두 번째 폭동의 희생자가 되고, 또 다른 희생자가 속출한다. // *"폭동을 일으킨 후 선원들에게 무슨 일이 생겼는지 나는 알고 싶다. 그들은 왜 핏케언섬에서 2년 동안 서로 죽고 죽였을까? 낙원 같은 섬에 있는 선원들을 폭력적으로 만든 인간의 본성이란 대체 무엇일까? 내게 흥미로운 것은 바로 그 부분이다!"*라고 말론 브란도(Marlon Brando)는 말한다. 그는 영화를 찍을 때마다 계약서에 자신의 예술상의 권한을 명시하는 배우다. // 크리스천이 죽는 장면이다. 크리스천이 바닥에 누워 있다. 머리만 보인다. 끔찍한 화상을 감추기 위해 담요를 턱까지 끌어올렸기 때문이다. 땀으로 흠뻑 젖은 얼굴은 불에 검게 그을린 자국이 가득하고, 감지 못한 두 눈은 어둠 속에서 하얗게 반짝거리고, 눈썹은 위아래로 오르락내리락한다. 말론 브란도, 즉 플레처 크리스천은 가늘게 떨리는 입술로 자신이 죽을지 묻는다. 말론 브란도는 머리에 포마드를 바르고 향수를 뿌리는, 외모에 관심이 많고 목소리가 걸걸한 남자이다. 비단 잠옷이나 주름 잡힌 레이스가 달린 옷을 입고 귀에 장밋빛 꽃을 꽂은 채, 70밀리미터 파노라마 필름 속을 거닐며 열심히 연습한 영국식 악센트를 내뱉는 남태평양의 멋쟁이다. *"아, 이 얼마나 무의미한 죽음인가!"* 그렇게 말하는 그의 얼굴은 얼어붙고, 눈동자가 흐려진다. 그때 갑자기 카메라가 방향을 바꾸더니, 불타는 바운티호가 어두컴컴한 바다로 가라앉는다. 이윽고 반짝이는 커튼이 화면에 쳐진다. 역사상 가장 제작비가 많이 든 영화가 끝났다. 그러나 이 섬의 이야기는 아직 끝나지 않았다.

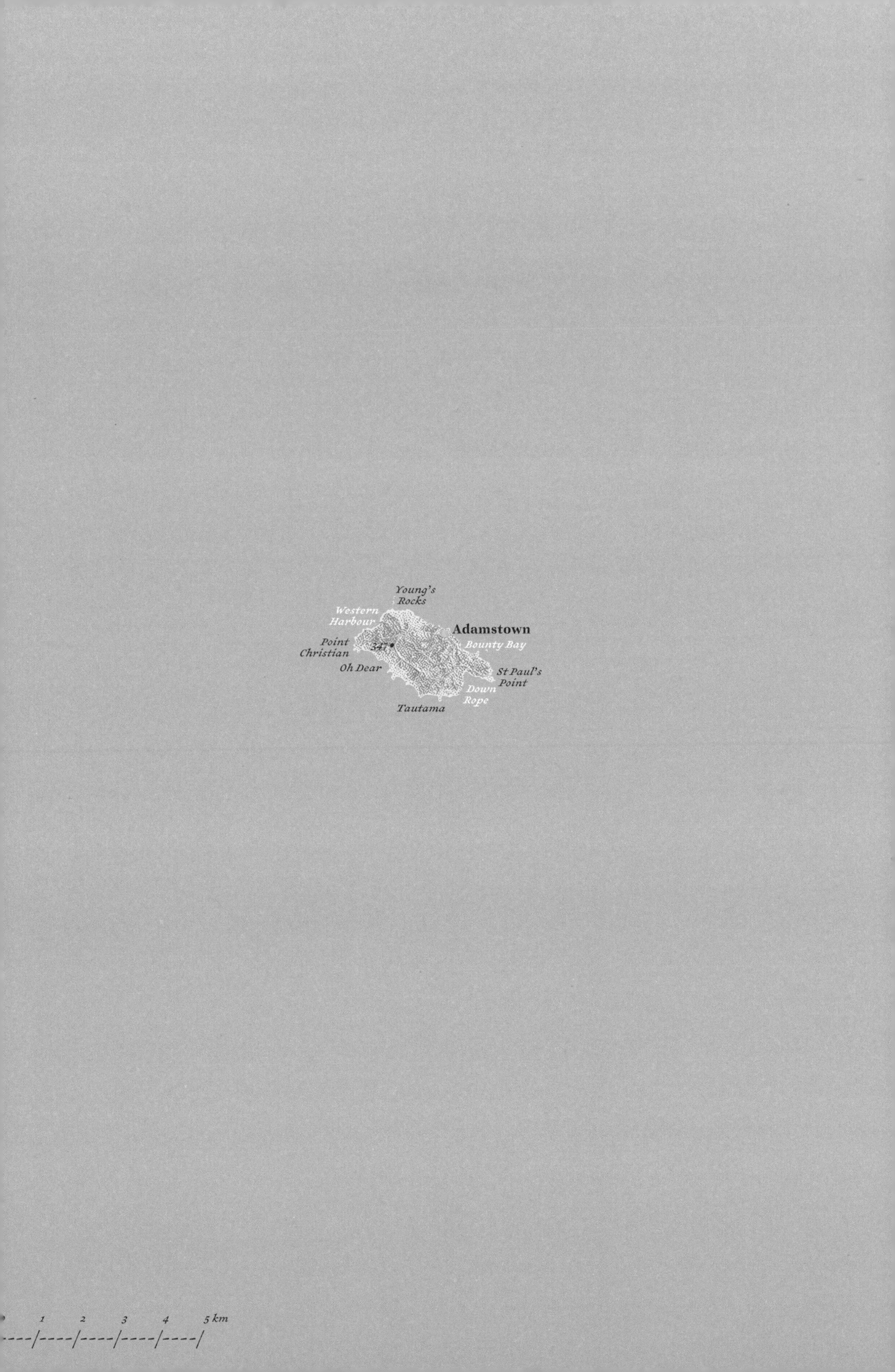

Young's Rocks
Western Harbour
Adamstown
Point Christian
347
Bounty Bay
Oh Dear
St Paul's Point
Down Rope
Tautama
1
2
3
4
5 km

51° 57' N
179° 38' E

세미소포치노이 *랫제도* (미국)

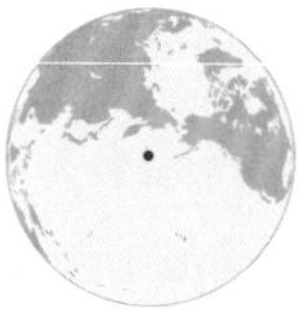

러시아어 *Semisopochnoi* [›일곱 언덕‹] | **알류샨어** *Unyax, Hawadax*

221.7km² | 무인도

1190 km → 캄차카

1360 km → 케이프뉴엔햄

850 km → 세인트조지섬 (130)

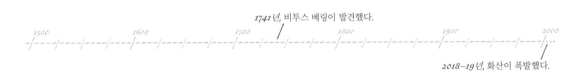

1741년, 비투스 베링이 발견했다.

1500 · 1600 · 1700 · 1800 · 1900 · 2000

2018~19년, 화산이 폭발했다.

미국 땅에 러시아 이름. 그리 어울리지 않는 짝이다. '세미소포치노이'란 이름의 이 섬은 어쩌면 미국의 가장 서쪽 땅일지도 모르지만, 누구도 그 사실을 정확히 밝히는 데 관심이 없다. 이 섬에 존재하는 그 어떤 것도 중요하지 않다. 이 섬에 살았던 사람도 없다. 그럴 이유가 없기 때문이다. 가끔 탐험대가 이 섬으로 들어와 돌을 수집하고, 분화구를 조사하고, 긍정적인 의미에서 영화처럼 보이도록 산들의 파노라마 사진을 찍곤 한다. 덤불 속으로 뛰어든 북극여우 몇 마리가 낯선 방문객들을 오랫동안 뚫어지게 쳐다보면서도, 두려워하진 않는다. 북극여우들의 털은 어두운 청색이다. 이 일곱 언덕의 섬은 두 대륙을 잇는 섬들의 고리에서 떨어져 나온 한 줄의 진주들 중 하나일 뿐이다. 두 대륙 중 하나는 '신세계'로서 탐험된 바 있다. // 태평양 불의 고리의 위쪽 끝인 이곳에서 지구가 혼자 웅얼대지만, 인간들은 이를 대부분 알아채지 못한다. 화산 폭발도 자주 일어나지만, 누구에게도 해를 끼치지 않는다. 세르베루스산(Mount Cerberus)이 가장 활발하다. 이 세르베루스산의 세 봉우리는 바위투성이 산지를, 언제나 구름이 끼어 있는 진홍색으로 물든 하늘을 지켜보고 있다. 때때로 몇몇 분화구가 기다란 연기를 내뿜는데, 어쩌면 그것이 봉우리에 걸려 있는 구름이 되는 건 아닌지.

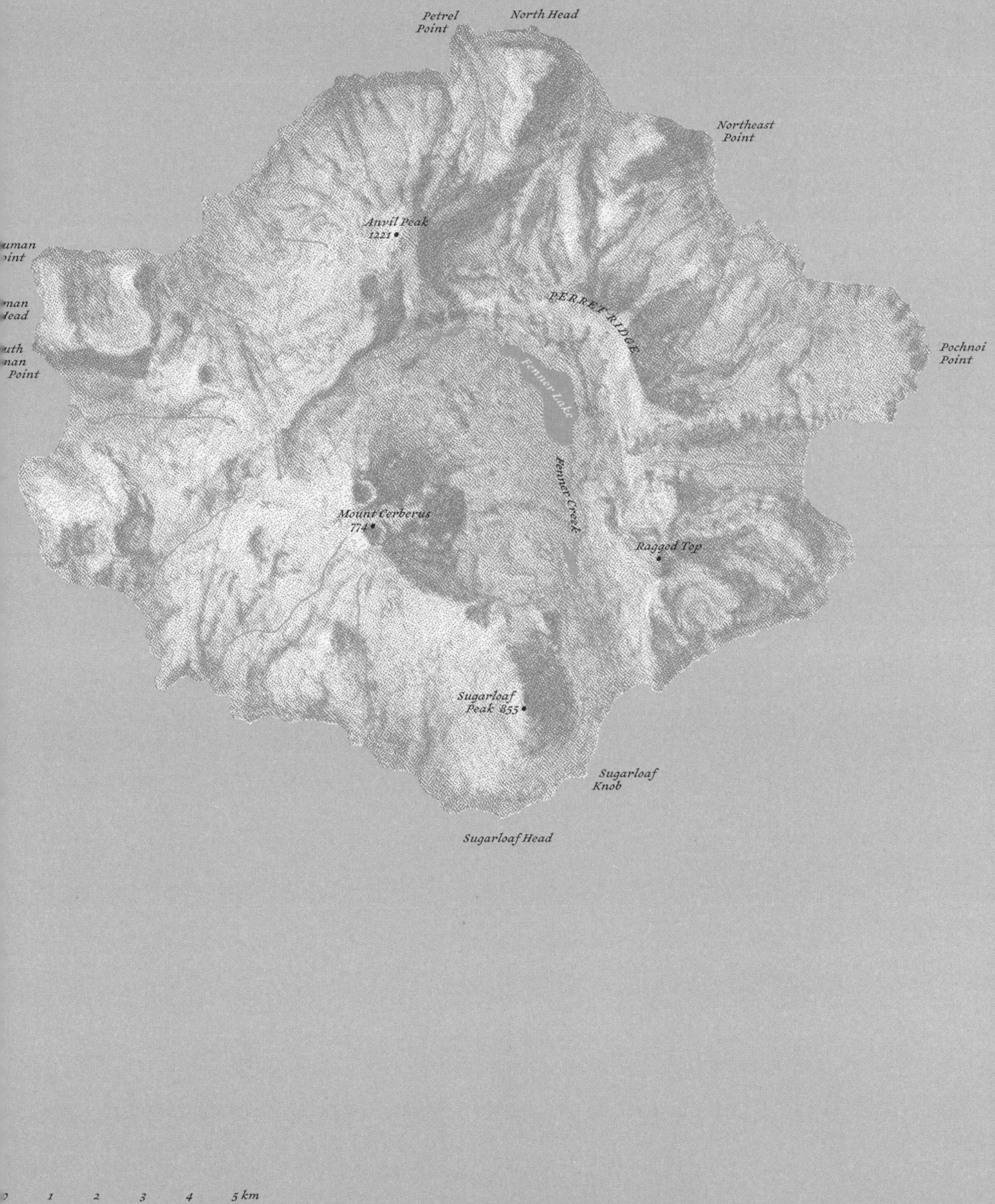

Petrel Point
North Head
Northeast Point
Anvil Peak 1221
Point
PERRET RIDGE
Fenner Lake
Pochnoi Point
Fenner Creek
Mount Cerberus 774
Ragged Top
Sugarloaf Peak 855
Sugarloaf Knob
Sugarloaf Head
0 1 2 3 4 5 km

10° 18' N
109° 13' W

클리퍼턴섬 (프랑스)

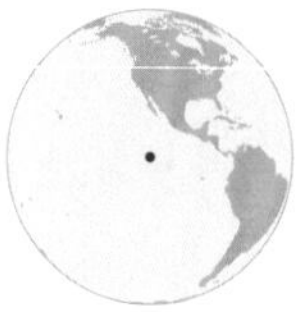

프랑스어 *Île Clipperton, Île de la Passion* [›수난일섬‹]
1.7km² | 무인도

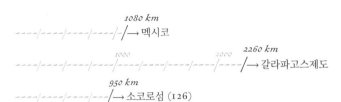

1080 km
→ 멕시코

2260 km
→ 갈라파고스제도

950 km
→ 소코로섬 (126)

1892~97년, 해양인광석회사에 의해 구아노 채굴이 이루어졌다.

1500 1600 1700 1800 1900 2000

1711년 4월 3일(그리스도수난일), 마르탱 드 샤시롱과 미셸 뒤 보카주가 발견했다.

아카풀코(Acapulco, 멕시코 서부의 항구)에서 배가 오지 않는다. 미국 순양함 한 척이 소식을 전해온다. *"세계가 전쟁에 휩싸였고, 멕시코는 혼란에 빠졌으며, 세상은 당신들을 잊어버렸다. 당신들의 장군은 자리에서 쫓겨났다."* // 이 섬 어디에서도 풀은 한 포기도 자라지 않는다. 몇 그루 안 되는 야자나무 아래에는 비쩍 마른 돼지 열댓 마리가 있다. 표착한 돼지들의 후손이다. 돼지들은 뭍에 사는 오렌지색 게를 먹고 사는데, 수백만에 이르는 이 게들이 섬을 가득 메우고 있어 껍질을 밟지 않고는 한 걸음도 나아갈 수 없다. 게들의 천국인 이 섬을 라몬 데 아르노(Ramón de Arnaud) 총독이 둘러보고 있는 동안에도 오도독거리는 소리가 난다. 여느 때와 마찬가지로 그는 오스트리아의 사열용 제복을 입고, 그의 부인은 야회복 차림에 다이아몬드 팔찌와 목걸이를 하고 있다. 이날 아르노 총독은 *"이곳에서 철수할 필요는 없다. 명령은 명령이다"*라고 선언한다. 그래서 남자 열네 명, 여자와 아이 각각 여섯 명으로 이루어진 주둔군은 그곳에 남는다. // 배가 오지 않는다. 아카풀코에서도, 다른 어느 곳에서도 오지 않는다. 하긴, 아카풀코 외에 어디서 이곳으로 배가 오겠는가. 얼마 후, 비축해둔 식량이 떨어지기 시작하고 괴혈병이 발병한다. 괴혈병을 앓는 사람은 잇몸에서 출혈이 일어나고, 상처가 곪고, 근육이 수축하고, 사지가 썩어 들어가고, 심장마비가 일어난다. 이 병으로 죽은 사람들의 시체는 게들이 먹을 수 없도록 깊은 땅속에 묻힌다. // 언제부턴가 아르노 총독은 바닷새의 날카로운 울음소리도 철썩이는 바닷소리도 참아내기가 힘들다. 이 섬으로 들어오는 배를 본 것 같다고 생각한 그는 보트에 올라타고 출항한다. 남아 있던 군인들도 그와 함께 모두 바다에 익사하고 만다. 이제 남아 있는 남자는 단 한 명뿐이다. 더는 불을 밝히지 않는 등대의 등대지기였던 빅토리아노 알바레스(Victoriano Álvarez)다. 그는 스스로를 클리퍼턴의 왕이라 칭하고 여러 명의 첩을 들여 강간하고 살해하며 거의 2년간 섬을 지배한다. // 1917년 7월 17일, 알바레스의 횡포를 더는 참아내지 못한 여자들이 망치로 그를 때려죽인 후 얼굴을 짓이겨 버린다. 저 멀리 수평선 위로 배 한 척이 나타난다. 여자와 아이들이 배를 향해 신호를 보내는 사이, 게들은 신선한 피 냄새에 이끌려 등대 쪽으로 기어간다. 잠시 후 보트 한 척이 인광석회사가 만들어놓은 낡은 부두로 들어오고, 살아남은 네 명의 여자들은 아이들을 데리고 그 배에 올라타 세상에서 가장 외딴 환초를 떠난다. 미국 군함 요크먼(Yorkmen)호의 뒤로, 환초의 게들로 이루어진 오렌지색 고리가 오랫동안 시야에서 사라지질 않는다.

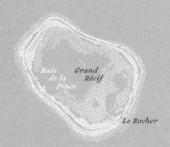

Baie de la Pince
Grand Récif
Le Rocher
0 1 2 3 4 5 km

29° 16' S
177° 55' W

라울섬 *케르메덱제도* (뉴질랜드)

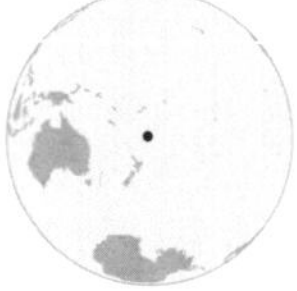

영어 *Raoul Island*, 옛 이름 *Sunday Island*
29.4km² | 거주자 7명

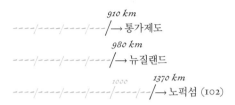

910 km → 통가제도
980 km → 뉴질랜드
1370 km → 노퍽섬 (102)

1500 1600 1700 1800 1900 2000

1793년 3월 18일, 조제프 브루니 당트르카스토가 발견했다.
1937년, 자연 보호 구역으로 지정되었다.
1964년 11월 21일, 화산이 폭발했다.

해마다 뉴질랜드 환경보호부는 주민이 없는 라울섬에 직원을 보내고, 파견된 직원은 그곳에서 12개월간 머문다. 그곳에는 최대 6개월간 체류하는 아홉 명의 자원봉사자도 있다. 그들은 여름 혹은 겨울 동안 환경보호부에서 파견된 직원을 지원한다. 이런 자원봉사자들을 모집하기 위해 발간하는 안내 팸플릿에 환경보호부는 *"모든 사람이 라울섬처럼 외딴섬에 살기 적합하진 않습니다"*라는 문구를 담는다. 이 문구는 사람들이 자원봉사자로 지원하기 전에 다시 한 번 심사숙고하게 만든다. *"이 섬에 잘 적응하려면 특정한 능력이 꼭 있어야 합니다. 지원자는 여성이든 남성이든 길을 유지하기 위한 제초 작업, 건물 수리, 빵 굽기 등의 실용적인 업무를 수행할 수 있어야 합니다. // '라울섬 자원봉사 프로그램'은 외딴섬을 경험하고, 독특한 아열대 생태계를 탐험할 수 있는 기회입니다. 하지만 이 외딴섬에서 지내며 임무를 수행하는 데는 많은 난관이 있습니다. 이 지역은 화산 활동이 매우 활발하고, 지진은 일상입니다. 지형은 험준하고 가파르며, 수행하는 임무도 대체로 힘들고 단조롭습니다. 많은 임무들이 외래 식물을 박멸하는 작업을 수반합니다. // 일단 이곳에 도착하면, 체류 기간을 다 채워야만 합니다. 우편물은 가끔 지나가는 뉴질랜드 공군 비행기가 투하해주거나, 민간 선박이 전해줍니다. 또 섬에서 가장 가까운 곳에 있는 응급실까지 가는 데는 24시간이 걸립니다. // 라울섬에 오는 자원봉사자들은 적응력과 자제력, 모험심이 뛰어나고, 외로움을 타지 않는 사람이어야 하며, 작은 팀으로 일하는 데 익숙해야 합니다. // 지원자는 신체적으로 건강해야 하고, 길이 없는 숲에서도 능숙하게 이동할 수 있어야 합니다. 등반 경험, 건물과 설비를 유지해본 경험이 있다면 가산점이 있습니다. // 지원서는 다음 주소로 제출하십시오. 환경보호부, 사서함 474, 워크워스, 뉴질랜드"*

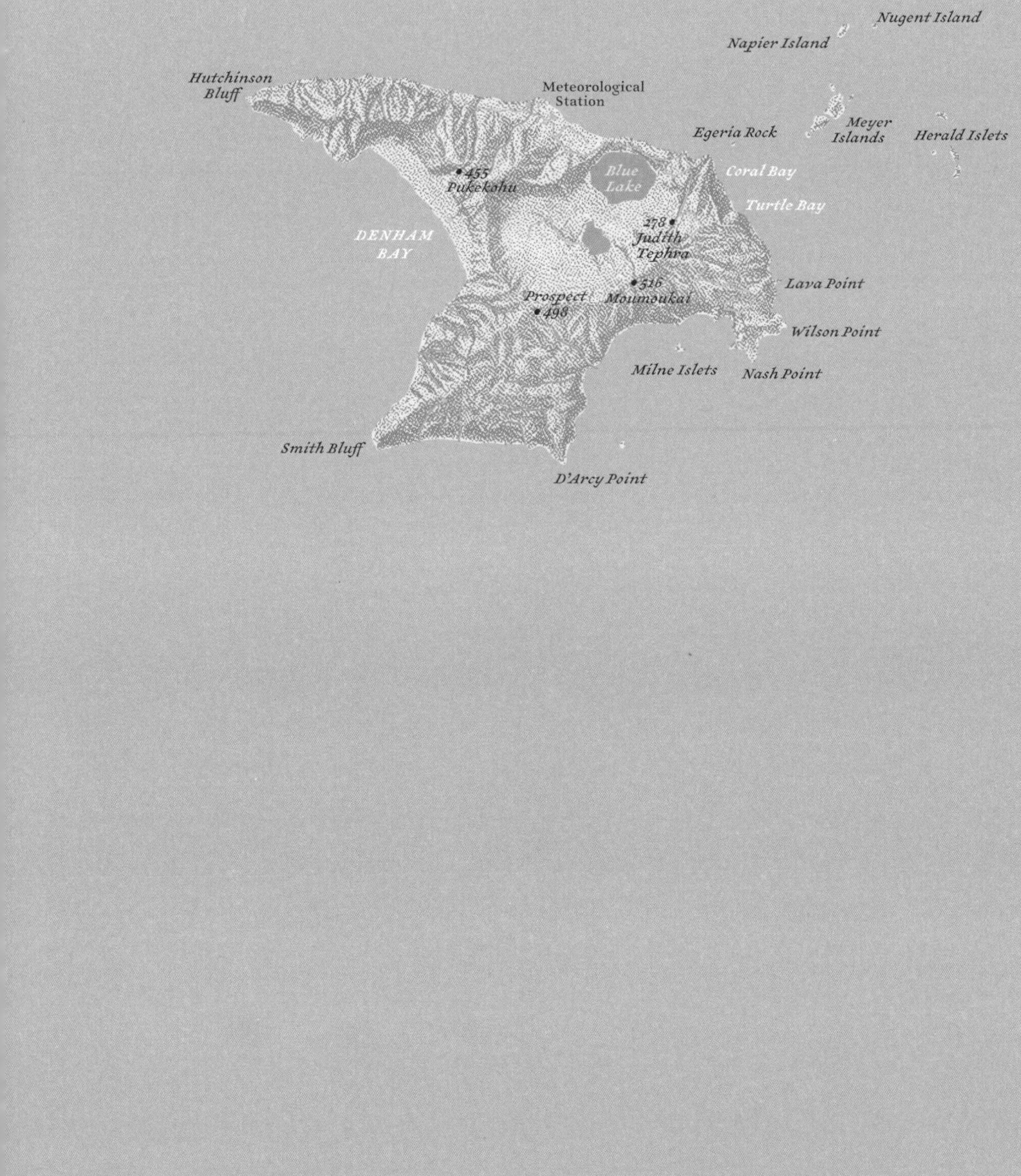
Nugent Island
Napier Island
Hutchinson Bluff
Meteorological Station
Egeria Rock
Meyer Islands
Herald Islets
Blue Lake
Coral Bay
Turtle Bay
455 Pukekohu
278 Judith Tephra
DENHAM BAY
516 Moumoukai
Prospect 498
Lava Point
Wilson Point
Milne Islets
Nash Point
Smith Bluff
D'Arcy Point
1 2 3 4 5 km

18° 47' N
110° 58' W

소코로섬 *레비야히헤도제도* (멕시코)

스페인어 *Isla Socorro, Isla Santo Tomás*, 옛 이름 *Isla Anublada* [›구름 낀 섬‹]

131.9km² | 거주자 250명

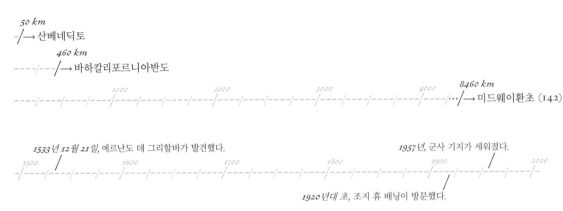

50 km → 산베네딕토

460 km → 바하칼리포르니아반도

8460 km → 미드웨이환초 (142)

1533년 12월 21일, 에르난도 데 그리할바가 발견했다.

1920년대 초, 조지 휴 배닝이 방문했다.

1957년, 군사 기지가 세워졌다.

브레이스웨이트만(Bahía Braithwaite)으로 들어가자, 이 섬은 단단히 빗장이 채워진 집처럼 보인다. 바닷물은 멈춰버린 듯 고요하고, 가시덤불로 뒤덮인 언덕과 용암 절벽 아래 촉촉이 젖어 있는 자갈 해변은 차갑게 반짝이고 있다. 저녁이 되자, 잠시 섬을 둘러보러 나간 한 선원이 마치 절망스런 것을 보기라도 했는지 의기소침한 모습으로 돌아온다. // 이튿날 동이 틀 무렵, 섬 탐험에 나선 벨레로 II (Velero II)호의 2등 항해사 조지 휴 배닝(George Hugh Banning)은 홀로 황폐한 섬을 둘러보다 벌판에서 풀을 뜯고 있는 양들을 발견한다. 침입자 배닝의 갑작스런 등장에 양들도 공포를 느꼈는지 비탈진 길을 쿵쿵거리며 급하게 뛰어내려가 덤불 속으로 사라진다. 이 양들은 과거 언젠가 포경선이 이 섬에 들어왔다 두고 가버린 몇 마리 양들의 후손으로, 벌판에서 자랐다. 이 양들이 어디서 물을 마시는지는 수수께끼다. 미국 해군에 따르면 소코로섬에는 물이 없기 때문이다. 양들을 뒤쫓아 간 배닝은 수 미터가 넘는 가시 덩굴을, 쩍쩍 갈라져 울퉁불퉁한 그루디기를, 시든 포도나무 줄기로 뒤덮인 미로 같은 덤불숲을 헤쳐나간다. 발걸음을 옮길 때마다 버석거리고 우둑거리는 소리가 난다. 배닝은 버석거리는 소리가 날 때마다 어딘가 긁히고, 우둑거리는 소리가 날 때마다 뭔가에 세게 부딪힌다. 그리고 뭔가에 걸려 비틀거릴 때는 손, 발목, 장딴지에 선인장 가시가 박힌다. 그는 몇 번이고 거친 덤불숲을 기어가거나 선인장 줄기를 타고 넘는다. 얼마 지나지 않아 그는 숲속 가장 깊숙한 곳에 이른다. 숲이 너무 울창해서 한 치 앞도 볼 수 없는, 양들조차 들어오지 못하는 곳이다. 배닝은 주변을 둘러본다. 이곳은 더 이상 숲이 아니다. 밀림이다. 빽빽한 나뭇잎 사이로 한 줄기 빛도 들어오지 않는다. 거대한 뱀들이 나뭇가지 위를 스르르 기어 다니는 것만 같고, 벌거벗은 나무들은 고문을 당하는 괴물처럼 보인다. 뼈처럼 생긴 나무들이 마치 사방에서 조여드는 듯하다. 지옥이 바로 이런 모습일 것이다. 배닝은 미로에 빠져 길을 찾지 못할 것 같은 느낌이 들자, 절망과 불안에 휩싸여 몸에 지니고 있던 단검을 꺼내들고 잽싸게 뛰기 시작한다. 그는 마주치는 모든 것을 짓이겨 버리며 원시림을 헤쳐나간다. 그리고 마침내 다시 벌판으로 나와 그곳에 멈춰 선다. 온몸이 긁혀 상처투성이인 채로 숨을 헐떡거리면서.

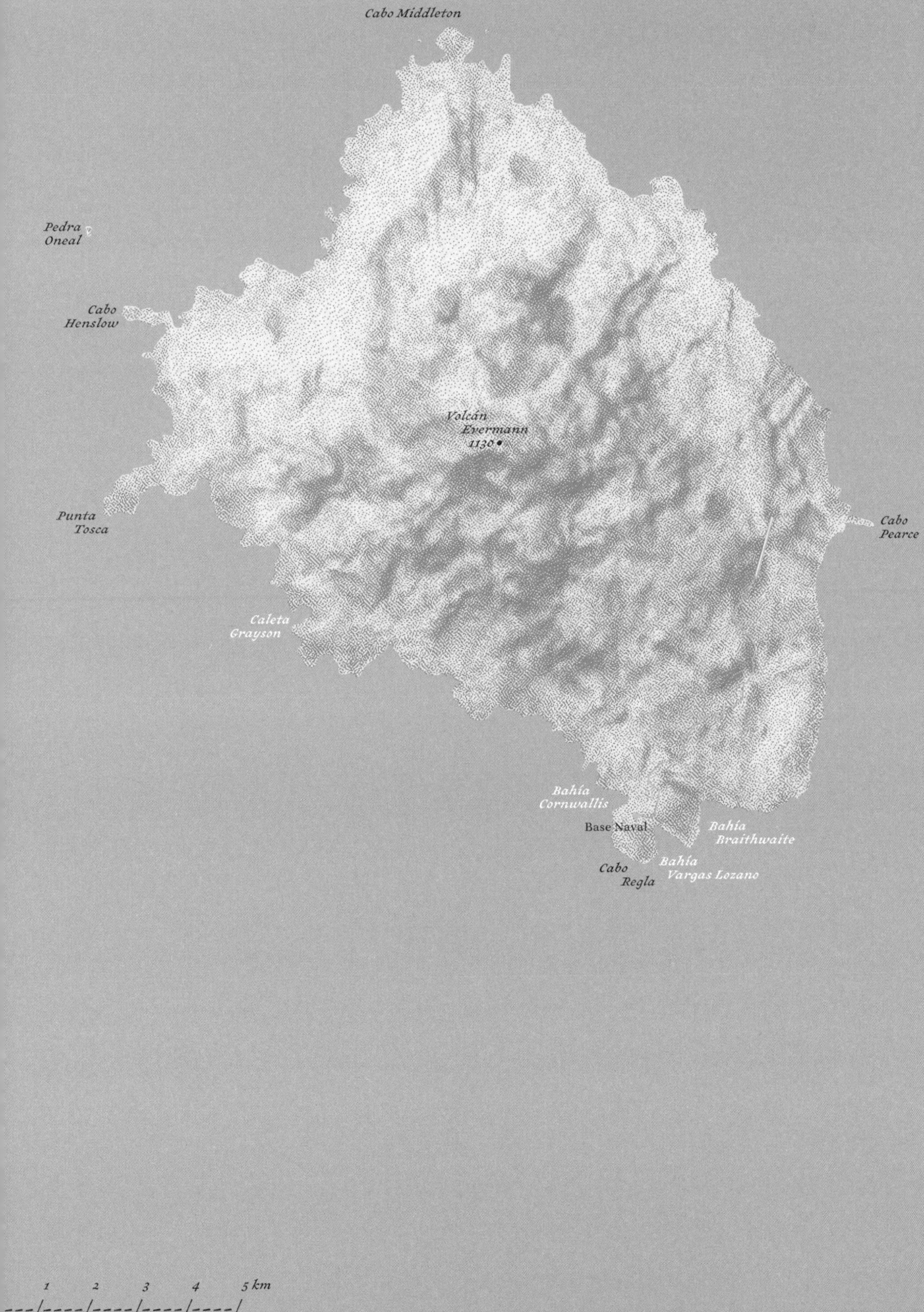

Cabo Middleton
Pedra
Oneal
Cabo
Henslow
Volcán
Evermann
1130
Punta
Tosca
Cabo
Pearce
Caleta
Grayson
Bahía
Cornwallis
Base Naval
Bahía
Braithwaite
Cabo
Regla
Bahía
Vargas Lozano
1
2
3
4
5 km

24° 47' N
141° 19' E

이오지마 *가잔제도* (일본)

일본어 *Iwojima, Iōtō* [›유황섬‹]
23.7km² | 거주자 400명

1000 *1050 km* → 도쿄

1000 *1950 km* → 타이완

1000 2000 3000 *3140 km* → 아틀라소프섬 (98)

1500 1600 1700 1800 1900 2000

1945년 2월 19일~3월 26일, 이오지마 전투가 벌어졌다.

1968년, 일본에 반환되었다.

수평선은 기울어져 있고, 하늘은 흐리다. 구름 혹은 폭발하는 폭탄의 연기 때문이다. 스리바치산(Suribachi Yama)의 정상에서 여섯 명의 군인이 깃발이 달린 깃대를 꽉 잡고 돌투성이 땅에 박아 넣는다. 그들은 젖 먹던 힘을 다해 깃대를 세운다. 얼굴이 보이지 않는 군상들이 서로를 돕고 있다. 그중 한 명은 파헤쳐진 돌 무더기에 무릎을 꿇고 있고, 다른 한 명은 손을 높이 치켜들고 있다. 조 로젠탈(Joe Rosenthal)은 카메라 셔터를 누른다. 1945년 2월 23일, 400분의 1초간 노출하여 찍은 이 순간은 역사상 가장 유명한 전쟁 사진이 된다. // 멀리 떨어져 있는 고국의 깃발을 위해 사람들은 자신의 목숨을 바친다. 용기의 발현이자, 허망한 행동이다. 별과 줄무늬, 파란색, 붉은색, 하얀색, 가슴에 얹은 손. 미군은 이오지마에서 가장 높은 곳을 점령한다. 섬의 남쪽 끝, 화산재로 뒤덮인 169미터 높이의 척박한 언덕이다. 이 섬은 별안간 전략적으로 중요한 곳이 되었다. 이 섬은 폭격기가 뜨고 내릴 수 있을 정도로 크고 적국의 가까이에 있는 가라앉지 않는 항공모함이다. // 이 사진은 다소 성급한 승리의 선언을 담고 있다. 사진을 촬영할 당시 미군은 아직 이오지마를 점령하지도, 전투에서 승리하지도 못했다. 적군은 화산 지대의 지하에 숨어 있다가 불쑥 튀어나와 수류탄을 던진다. 1000개의 인공 동굴이 있는 이 미로 같은 섬은 일본군 2만 명의 무덤으로 변한다. // 필름 한 통이 괌에 있는 전쟁 사진 관리부의 본부로 날아가 인화 작업에 들어간다. 하루가 다 끝나기도 전에 이 상징적인 사진이 주목을 받는다. 마치 동상과도 같은 이 사진은 세로가 더 긴 형태로 잘리고, 텔레프린터로 고국으로 전송되어 모든 일요일자 신문에 표지 사진으로 실린다. 몇 달 뒤에는 이 사진이 우표로 제작된다. 그로부터 10년 후, 워싱턴 근교의 군인 묘지에 세계에서 가장 큰 청동상이 세워진다. 화강암 대좌 위에 서 있는 군인들의 동상은 높이가 24미터에 이른다. // 이 이미지는 이제 모든 전쟁마다 등장한다. 어느 9월, 먼지 자욱한 폐허 속에서 뉴욕 소방관 세 명이 성조기를 게양한다. 스리바치산 정상의 이미지가 그라운드제로(Ground Zero, 9.11 테러 현장)에서 재현된 것이다.

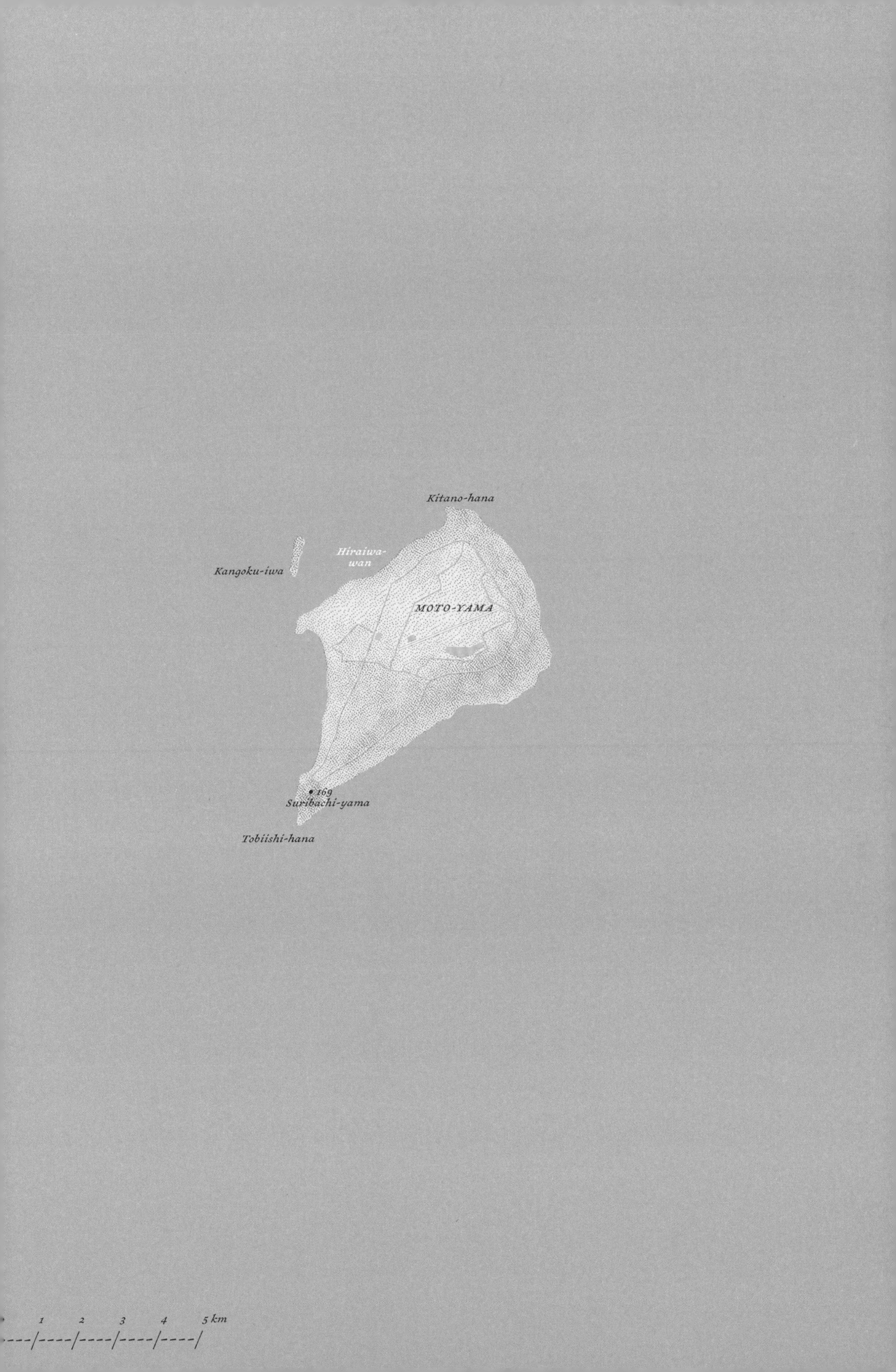
Kitano-hana
Hiraiwa-
wan
Kangoku-iwa
MOTO-YAMA
169
Suribachi-yama
Tobiishi-hana
1
2
3
4
5 km

56° 35' N
169° 36' W

세인트조지섬 *프리빌로프제도* (미국)

영어 *Saint George Island*

90km² | 주민 101명

1240 km /→ 앵커리지

1630 km /→ 캄차카

4260 km …/→ 엔솜헤덴 (36)

1741년, 게오르크 빌헬름 스텔러가 바다소의 그림을 그렸다.

1786년 6월 25일, 가브릴 프리빌로프가 발견했다.

1786년, 스텔러바다소가 멸종되었다.

이 섬은 모양은 이상하지만 아름답다. 바다 가장 바깥쪽에 자리한 이 섬의 해안가에 북극 바다소가 살았던 게 분명하다. 살아 있는 북극 바다소를 본 것은 게오르크 빌헬름 스텔러(Georg Wilhelm Steller)와 이 동물을 멸종시킨 뱃사람들뿐이다. 멸종된 바다소가 남긴 것이라곤 뼈 몇 점과 피부 몇 조각, 그리고 스텔러가 작성한 보고서뿐이다. 이 보고서는 스텔러가 비투스 베링(Vitus Bering)과 함께 떠난 두 번째 캄차카 탐험 중 난파당했을 때 작성한 것이다. 생물분류학적 관점에서 보면 북극 바다소는 바다소목에 속하고, 당연히 갈퀴 모양의 꼬리와 인어 같은 가슴을 갖고 있다. 수 센티미터 두께의 두꺼운 피부의 촉감은 아주 오래된 떡갈나무 껍질 같고, 털이 없는 등은 검고 미끈거리며, 목덜미는 주름이 쪼글쪼글하다. 앞다리는 자라다 만 두 개의 지느러미 같고, 머리는 그 어떤 동물의 머리와도 닮지 않았다. 작고, 네모나고, 목이랄 부분이 없이 커다란 몸통에 달려 있다. 콧구멍은 말 콧구멍과 비슷하고, 귀는 두 개의 작은 구멍에 불과하다. 눈썹 없는 눈은 양의 눈만 한데, 홍채는 검고, 눈동자는 노란빛이 감도는 푸른색이다. // 엄청난 식욕을 자랑하는 바다소는 육지와 가까운 바다에서 거대한 몸을 바닷물에 반만 담근 채 이가 없는 턱으로 끊임없이 해초를 씹어댄다. 바다소의 등에는 갈매기가 자주 날아와 앉아서 귀찮은 벌레들을 잡아먹는다. 바다소는 해초를 뜯다 말고 4~5분마다 숨을 쉬기 위해 헐떡거리며 수면 위로 떠오르곤 한다. 배가 부른 바다소는 물 위에 드러누운 채로 이리저리 떠다닌다. // 이 바다소는 바람이 잔잔한 조용한 봄날 저녁에만 교미를 하는데, 스텔러는 그 모습이 마치 *"인간이 교미하는 모습과 같다. 수컷이 암컷 위에, 암컷이 수컷 아래에 누워 있다"*고 기록한다. 교미 후 수컷과 암컷은 서로를 꼭 끌어안는다. // 바다소는 천성적으로 온순하다. *"누군가가 큰 상처를 입혀도 바다소는 아무것도 하지 않는다. 그저 해안에서 도망칠 뿐이다. 그리고 이내 그 일을 잊어버리고 다시 돌아온다."* 바다소는 육지로 매우 가까이 다가오기 때문에 사람들은 바다소를 쉽게 쓰다듬을 수 있다. 그리고 죽일 수도 있다. 바다소는 어떤 소리도 내지 않는 동물이다. 하지만 다쳤을 때는 짧고 깊은 신음을 낸다.

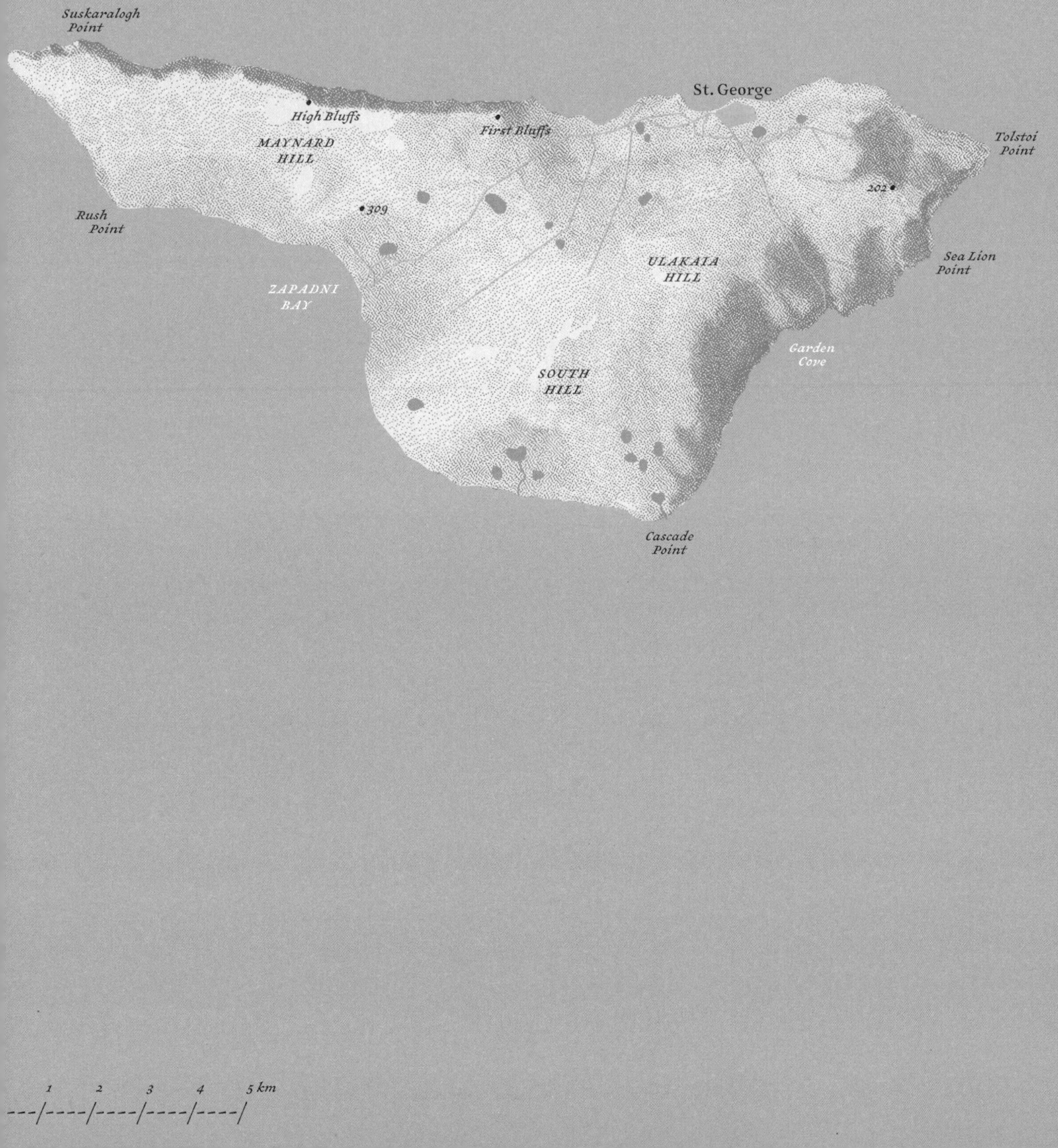
Suskaralogh Point
High Bluffs
MAYNARD HILL
First Bluffs
St. George
Tolstoi Point
202
309
Rush Point
ULAKAIA HILL
Sea Lion Point
ZAPADNI BAY
Garden Cove
SOUTH HILL
Cascade Point
1 2 3 4 5 km

12° 18' S
168° 50' E

티코피아 *산타크루즈제도* (솔로몬제도)

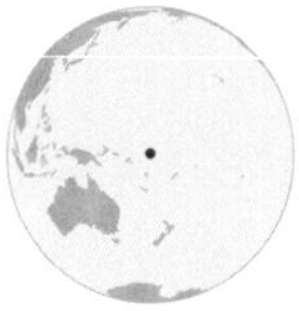

티코피아-아누타어 *Tikopia*

4.7km² | 주민 1,285명

210 km ---/→ 바니코로

1100 km → 피지

1250 km → 누쿨라엘라에 (140)

1500 — 1600 — 1700 — 1800 — 1900 — 2000

1606년, 페드로 페르난데스 데 키로스가 찾아냈다.

1928/29년, 레이먼드 퍼스에 의해 처음으로 현장 조사가 이루어졌다.

2002년 12월, 사이클론 조이로 인해 섬이 황폐해졌다.

이 섬에는 3000년 전부터 인류가 살고 있다. 이 섬은 아주 작아서 섬 한가운데서도 부서지는 파도소리가 들린다. 티코피아의 주민들은 소금기 있는 석호에서는 물고기를, 바다에서는 조개를 잡는다. 그들은 얌, 바나나, 타로토란을 재배하고, 먹을 게 부족한 시기를 대비해 빵나무 열매를 땅에 묻어둔다. 이 정도면 섬에 사는 1200명의 사람들이 먹기에는 충분하다. 그러나 그 이상은 안 된다. // 폭풍우나 심한 가뭄으로 농사를 망치면 티코피아 사람들 대부분은 신속하게 죽음을 택한다. 결혼하지 않은 여자들은 목을 매달거나 헤엄쳐 넓은 바다로 나가 물에 빠져 죽고, 남자들은 아들들과 함께 카누를 타고 돌아올 수 없는 항해를 떠난다. 섬에서 서서히 굶어 죽어가는 것보다 차라리 망망대해에서 죽는 길을 택하는 것이다. // 해마다 네 부족의 우두머리들은 주민 수가 늘어서는 안 된다고 끊임없이 훈계를 한다. 한 가정의 아이들은 그 가정이 소유하고 있는 토지만으로 먹고살아야 한다. 그래서 장남만 가족을 꾸린다. 장남을 제외한 동생들은 독신으로 지내고, 쾌락을 즐길 때도 아기를 만들지 않도록 주의를 기울인다. 자식을 가져서는 안 된다는 의무감에 남자들은 질외사정을 한다. 이처럼 주의를 기울였는데도 아기가 생기면, 여자들은 임신한 배를 뜨거운 돌로 짓누른다. // 한 가정의 장남이 결혼할 나이가 되면 부모는 아기를 더 갖지 않는다. 그리고 남편은 아내에게 묻는다. *"내가 밭에 나가 먹을 걸 구해다 줘야 하는 이 아기는 누구의 아이지?"* 남편은 갓난아기의 생사를 결정한다. *"우리가 가진 밭은 작소. 아기를 죽입시다. 이 아기가 살아 있어도, 나눠줄 밭도 없소."* 갓난아기는 얼굴을 바닥에 대놓으면 숨이 막혀 저절로 죽는다. 이렇게 죽은 아기들은 무덤도 없다. 티코피아에서의 삶을 시작하지도 못했으므로.

Fatapu Point
RAVENGA
380
Reani
Rakionamo Point
Tereufa Point
Fono vai Korokoro Point
Sautafi
FAEA
Lake Te Roto
Matautu
Atunu
Asanga
Ratea
1 2 3 4 5 km

18° 7' N
145° 46' O

파간 *마리아나제도* (미국)

차모로어 *Pågan* | **영어** *Pagan Island* | **스페인어 옛 이름** *San Ignacio*

47.2km² | 주민 7명

310 km → 사이판

2670 km → 마닐라 (1000, 2000)

840 km → 이오지마 (128)

1669년, 디에고 루이스 데 산비토레스가 찾아냈다.

1981년, 화산 폭발로 폐쇄되었다.

1500 1600 1700 1800 1900 2000

2015년, 재정착 프로그램이 개시되었다.

세계에서 가장 높은 산맥은 태평양판과 필리핀판이 마리아나해구에서 만나는 바닷속, 수심이 수 킬로미터나 되는 곳에 있다. 이 산맥의 연기를 내뿜는 원뿔 모양 화산들은 바다 위로 우뚝 솟아 있다. // 파간은 그중 두 화산이 합쳐져 만들어진 땅덩이다. 이 섬에서 가장 좁은 지점의 폭은 수백 미터밖에 안 된다. // 파간 북쪽 산기슭에 쇼무숀(Shomushon)이라는 마을이 있다. 얼마 전부터 화산 봉우리에서 연기가 피어오르고 땅이 계속 흔들리자, 차모로인 주민들은 마을을 떠나고 싶어 한다. 하지만 누구도 신경을 쓰지 않는다. 화산은 위험하지 않다는 말이 반복된다. // 1981년 5월 15일 금요일, 화산이 폭발하고 만다. 불이 뿜어져 나오고, 돌이 쏟아지고, 용암의 분수가 하늘로 터져나온다. 하늘이 시커멓게 변한다. 화산재가 비처럼 내리고, 사방에 유황 냄새와 불타버린 땅 냄새가 진동한다. 급기야 쇼무숀 마을의 오두막들이 흔들리기 시작하고, 용암이 분출하여 야자나무 숲을 온통 뒤덮어 버린다. 이어, 마을에서도 탁탁거리며 불디는 소리가 나기 시작한다. 촌장은 아직도 단파 라디오로 메시지를 보내고 있다. *"지금 바로 우릴 구하러 오시오!"* 53명의 주민들은 바다로 도망쳐 헤엄치거나 배와 카누에 올라타 섬의 남부로 향한다. 산등성이 뒤로 피신한 그들은 시뻘건 용암이 자신들을 덮치지 않게 해달라고 기도한다. // 그들을 찾아낸 건 기적이다. 일본 화물선이 그들을 태운다. 사이판에 도착한 그들은 병원 근처의 콘크리트 집에서 새 삶을 시작한다. 그들의 섬을 그리워하며. // 날씨가 허락하고 배편이 있으면 그들은 몇 주 혹은 몇 달간 파간으로 돌아가 양철지붕 오두막에 살며 야자게와 멧돼지를 사냥하고 낚시하러 다닌다. // 때때로 그들은 사냥을 하다가 아직 열기가 식지 않은 화산흙에 알을 낳는 소심한 흑갈색 새를 만난다.

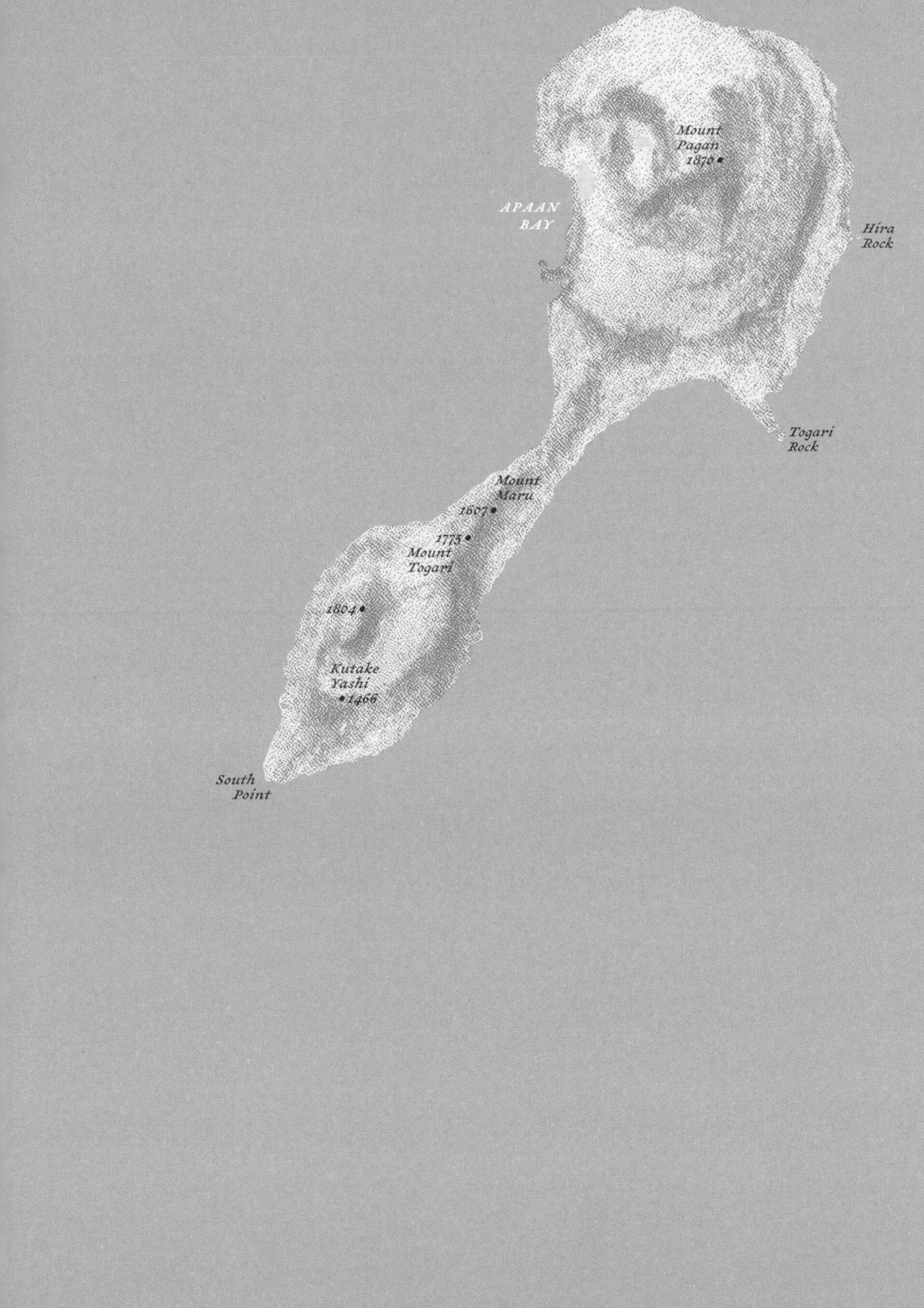
Mount
Pagan
1870
APAAN
BAY
Hira
Rock
Togari
Rock
Mount
Maru
1607
1775
Mount
Togari
1804
Kutake
Yashi
1466
South
Point
1
2
3
4
5 km

5° 32′ N
87° 4′ W

코코섬 (코스타리카)

스페인어 *Isla del Coco*

23.9km² | 무인도

550 km → 푼타레나스

1000 km → 콜롬비아

2500 km → 클리퍼턴섬 (122)

1526년, 후안 카베사스가 발견했다.

1897년 11월 11일, 아우구스트 기슬러가 섬의 지사가 되었다.

한 개의 섬, 두 개의 지도, 그리고 세 개의 보물. 아우구스트 기슬러(August Gissler)는 혼곶(Cape Horn, 남아메리카 최남단의 곶)을 돌아서 온, 검은 깃발을 단 해적선의 보물을 찾을 수 있을 거라고 확신한다. 에드워드 데이비스(Edward Davis, 17세기 말 영국 출신 해적)의 노획물, 베니토 보니토(Benito Bonito, 19세기 초 활동한 해적)의 전리품, 사람 크기의 순금 성모 마리아 상을 포함한 리마대성당의 보물들이다. // 독일 서부 렘샤이트 출신 제조업자의 아들로 태어난 기슬러는 제지소를 운영하며 살기보다 선원이 되고 싶어 한다. 그는 지도 위 X 표시를 들여다보며 거기 적힌 설명을 읽는다. *"웨이퍼만(Bahía Wafer)의 북동쪽, 세 갈래로 갈라진 벼랑 아래 작은 동굴, 홍수선 200피트(약 60미터) 아래."* 32살인 그는 키가 크고 눈이 맑으며 수염이 풍성하다. 그는 지도에 나온 장소에서 삽으로 땅을 파보지만 축축하게 젖은 흙더미 외에는 아무것도 찾아내지 못한다. 기슬러는 발목이 물에 잠길 때까지 구덩이를 차례로 파는데, 구덩이들은 여러 척의 배를 묻을 수 있을 만큼 넓다. 하지만 해적의 보물을 찾겠다는 기슬러의 꿈을 묻을 만큼 크진 않다. // 항구에 있는 선술집에서 기슬러는 더 많은 지도를 사들인다. 그가 사들인 지도는 해적의 손자가 물려받은 유산으로, 옛 X 표시 외에 새로 기입된 X 표시도 있다. 이 지도를 손에 넣은 그는 또다시 시커먼 땅에 여러 개의 새 구덩이를 판다. 기슬러는 곡괭이와 삽으로 땅을 파면서 동시에 고향인 독일에서 자신이 설립한 코코플랜테이션회사와 코코섬의 황금에 대한 주식을 발행한다. 그 결과, 기슬러의 부인을 비롯하여 독일인 여섯 가족이 그를 따라 코코섬으로 들어와 열대의 섬에 정착한다. 그들은 통나무집을 짓고 커피, 담배, 사탕수수를 심는다. 그리고 쉴 새 없이 땅을 파보지만 아무것도 발견하지 못한다. // 3년 후 기슬러 부부는 또다시 홀로 남겨져, 아직 찾지 못한 보물을 독차지하게 된다. 기슬러는 보물을 찾는 과정이 찾아낸 보물보다 더 값지다고 생각한다. 모든 빈 구덩이는 2400헥타르에 이르는 이 섬 어디엔가 보물이 숨겨져 있다는 증거일 뿐이다. // 1905년, 섬의 땅을 온통 파 뒤집어놓고 이곳을 영영 떠나는 그는 수염이 허리까지 내려와 있다. 이곳에서 기슬러는 16년의 삶을 허비했다. 찾은 것이라고는 30개의 금화와 금으로 만든 장갑 하나가 전부였다. 1935년 8월 8일, 그는 뉴욕에서 숨을 거두기 전에 다음과 같은 말을 남긴다. *"그 섬에 엄청난 보물이 있다고 난 확신해. 다만 그 보물들을 파내는 데는 너무 많은 시간과 돈이 든단 말이야. 내가 젊었더라면, 처음부터 다시 시작할 텐데."*

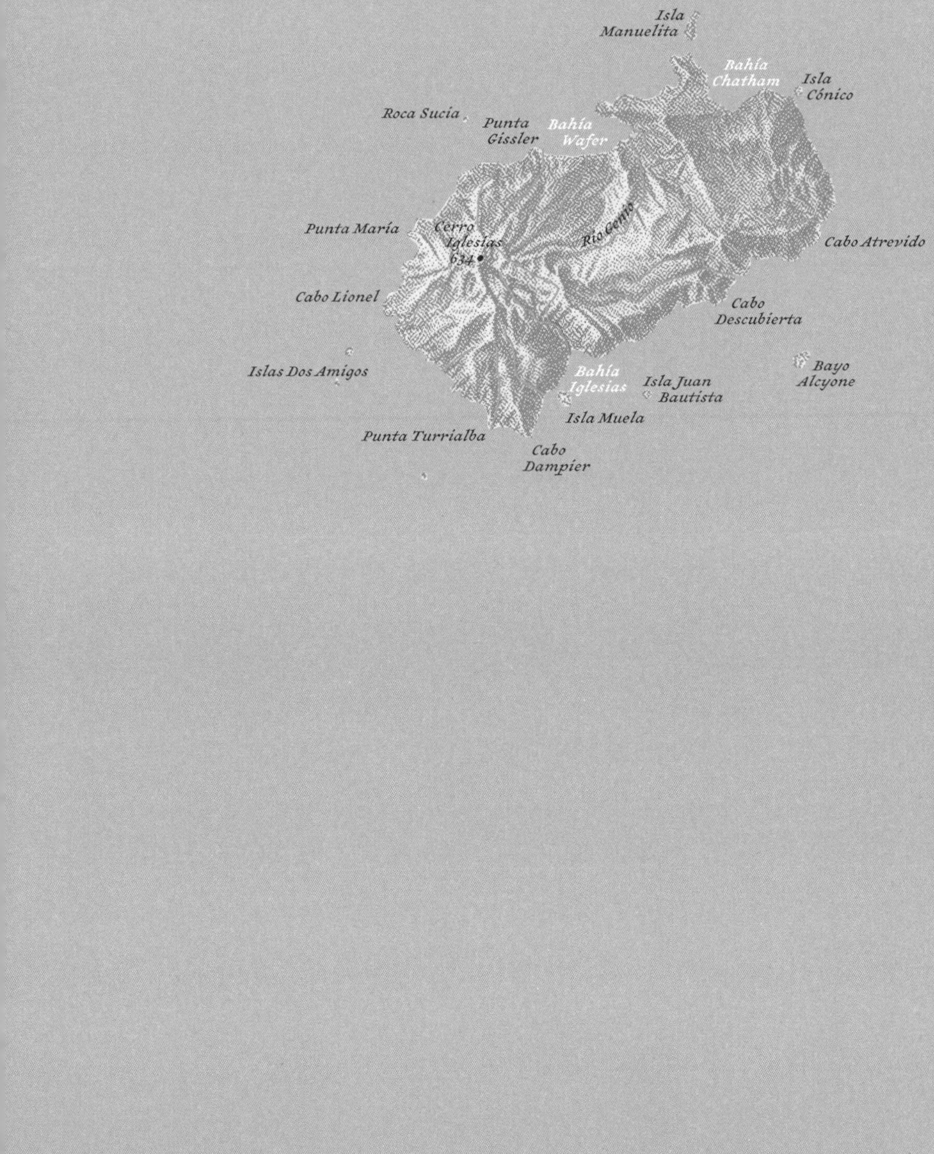
Isla Manuelita
Bahía Chatham
Isla Cónico
Roca Sucia
Punta Gissler
Bahía Wafer
Río Genio
Punta María
Cerro Iglesias 634
Cabo Atrevido
Cabo Lionel
Cabo Descubierta
Islas Dos Amigos
Bahía Iglesias
Isla Juan Bautista
Bayo Alcyone
Isla Muela
Punta Turrialba
Cabo Dampier
0 1 2 3 4 5 km

4° 45' S
156° 59' O

타쿠 (파푸아뉴기니)

타쿠어 *Takuu, Tauu* | 영어 *Mortlock Islands, Marqueen Islands*
1.4km² | 주민 316명

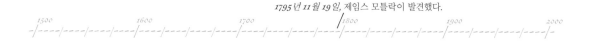

220 km
----/→ 부건빌

510 km
----/----/→ 뉴브리튼

1000 *1280 km*
----/----/----/----/----/→ 핀지랩 (114)

1795년 11월 19일, 제임스 모틀락이 발견했다.

1500 1600 1700 1800 1900 2000

어떤 사람들은, 잠수부와 고고학자들의 환상의 섬인 아틀란티스는 타쿠 앞바다의 부드러운 진흙을 헤치고 나아가는 볼품없는 해삼이 꿈꾸는 세계에 지나지 않는다고 말한다. 해삼은 침전물을 소화하고 누적시킬 뿐인 자신들의 존재에 싫증이 나서 멸망한 제국의 불길한 전설을 만들어냈다. 이후 그 불길한 전설은 인간의 상상 속에서 빛을 발하고 있다. // 오래전부터 예언되어 왔다. 타쿠의 미래는 없으며, 해수면은 상승하고, 바닷물이 육지를 야금야금 삼키고, 코코넛나무의 뿌리가 뽑히고, 지하수의 염분 함량이 높아지고, 농사를 지을 수 없게 될 것이라고. 영화 촬영팀, 연구자와 공무원들이 쉴 새 없이 섬으로 들어와 야금야금 갉아 먹힌 서쪽 해안을 비롯하여 산호 파편, 덤불, 쓰레기가 가득 얽힌 커다란 그물과 야자나무 그루터기에 시멘트를 덮어 만든 둑을 촬영한다. 그리고 거대한 파도가 몰려와 이 모든 것을 덮치는 장면을 상상한다. // 그러나 타쿠는 그 모든 암울한 전망에도 버티고 있다. 많은 비를 몰고 오는 강한 북서풍의 계절인 테라키(Te Laki)가 예전보다 일찍 시작되고 더 늦게 끝나고, 출렁이는 거대한 파도 때문에 해변의 모래가 바닷속으로 휩쓸려간다 해도, 돈을 벌려고 섬 밖으로 나가지 않은 몇몇 남자들은 동쪽 앞바다 암초 위에서 고기를 잡아야 한다. // 날씨보다 더 예측하기 힘든 건 한 해에 두 번 이상은 거의 오지 않는 배뿐이다. 타쿠 앞바다에 배가 들어와 닻을 내리면, 보급된 쌀과 밀가루가 다 떨어지기 전까지 고기잡이는 중지된다. // 암초 언덕의 남동쪽에서 가벼운 미풍이 불어올 때 주민들은 흰 해삼, 검은 해삼을 잡는다. 그 해삼을 온통자바(Ontong Java)의 시장에 가져가 판 돈으로 학비를 내고 모터보트용 연료, 발전기와 유리섬유 카누를 구입한다. 혹은 모터보트를 빌려 위험을 무릅쓰고 바쿠(Baku)로 건너간다. 날씨가 허락한다면. 일기예보가 아니라.

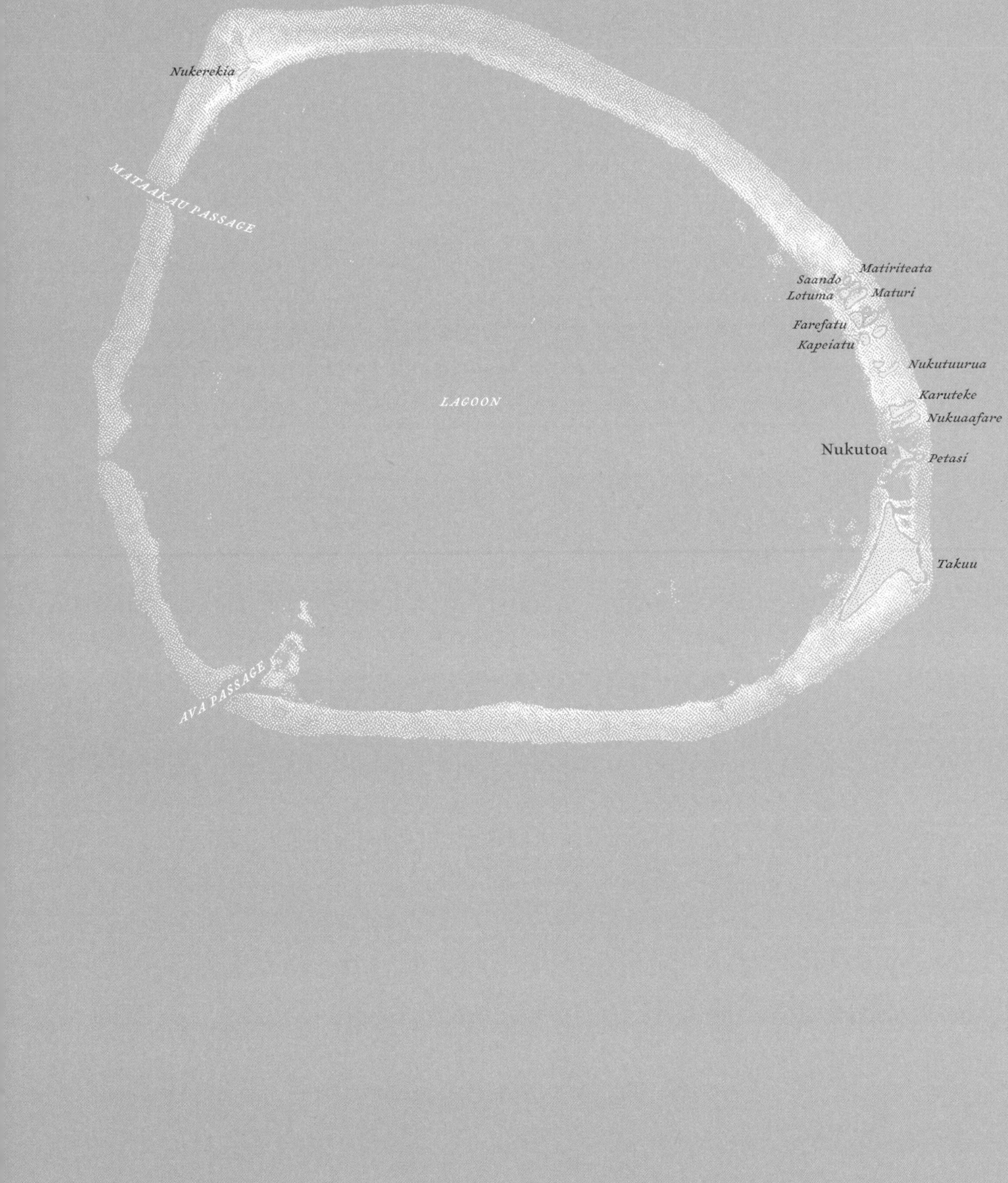
Nukerekia
MATAAKAU PASSAGE
LAGOON
Saando
Matiriteata
Lotuma
Maturi
Farefatu
Kapeiatu
Nukutuurua
Karuteke
Nukuaafare
Nukutoa
Petasi
Takuu
AVA PASSAGE
1
2
3
4
5 km

9° 23′ S
179° 51′ O

누쿨라엘라에 (투발루)

Nukulaelae [›모래의 땅‹] | 영어 옛 이름 *Mitchell's Group*
1.8km² | 주민 300명

1000 — *1530 km* → 바누아투

120 km → 푸나푸티

1000 — 2000 — *2580 km* → 타쿠 (138)

1500 — 1600 — 1700 — 1800 — 1900 — 2000

1865~90년, 니우오쿠에 독일 코코넛 농장이 있었다.

1863년, 노예상인들이 원주민의 3분의 2를 납치했다.

1972년, 사이클론 베베가 내습했다.

1863년 5월 말, 원주민들에게 유리한 고용 계약을 제시하는 낯선 외부인들이 타고 온 두 척의 범선이 초호 앞에 정박해 있다. 다른 섬의 코코넛 농장이나 캘리포니아 금광에서 일을 하자고 제안하면서. 하지만 2년 전 섬에 표착했던 선교사 엘레카나(Elekana)가 보내주겠다고 약속한 목사를 간절히 기다리는 누쿨라엘라에 주민들은 그 제안에 현혹되지 않는다. 하지만 하나님을 더 많이 접할 수 있는 곳으로 데려다주겠다는 말이 나오기 무섭게 나뭇잎 치마를 입은 여자와 남자들, 아이들 모두 구명정이나 카누를 타거나, 곧장 바다에 뛰어들어 헤엄쳐 배에 오른다. 수백 명 중 두 달간 이어진 항해에서 살아남은 사람들은 얼마 후 페루 해안의 친차제도(Chincha Islands)의 구아노 채굴장에서 두 번 다시 태어나지 않게 해달라고 기도한다. 덥고 건조한 날씨 탓에 딱딱하게 굳은 가마우지의 배설물은 영국의 사탕무 재배에 유익하다. 하지만 배설물이 분해될 때 피어오르는 암모니아 가스가 남태평양 섬마을과 중국 항구도시에서 끌려온 사람들의 눈과 기도를 심하게 자극한다. 그들은 목숨의 위험을 느끼며 뼈처럼 하얀 언덕을 곡괭이로 찍어내고 삽으로 떠내어 하루에만 백 개의 손수레에 실어 절벽 근처 창고로 운반한다. 암모니아 가스 때문에 눈이 반쯤 먼 그들은 엄청나고 무시무시한 이 화물들이 물에 가라앉지도 않고 지평선 너머로 사라지는 것을 알아차리지 못한다. 그렇게 매년 수십만 톤의 화물이 바지선에 실려 리버풀로 향한다. 그 화물이 함부르크의 무역회사인 요한 케사르 고데프로이 운트 존(Joh. Ces. Godeffroy & Sohn)의 배를 타고 바다를 건너갔을 가능성도 배제할 수 없다. 그로부터 2년이 지난 1865년 5월, 원주민들이 그토록 열망했던 목사를 누쿨라엘라에로 데리고 온 그 회사다. // 그 배에 독일 선장도 타고 있다. 코코넛 농장을 운영하려고 섬에 들어온 그는 남은 주민으로부터 초호의 섬 중 가장 큰 섬을 빌리고 사모아에서 온 임시 노동자들과 수상한 계약도 맺는다.

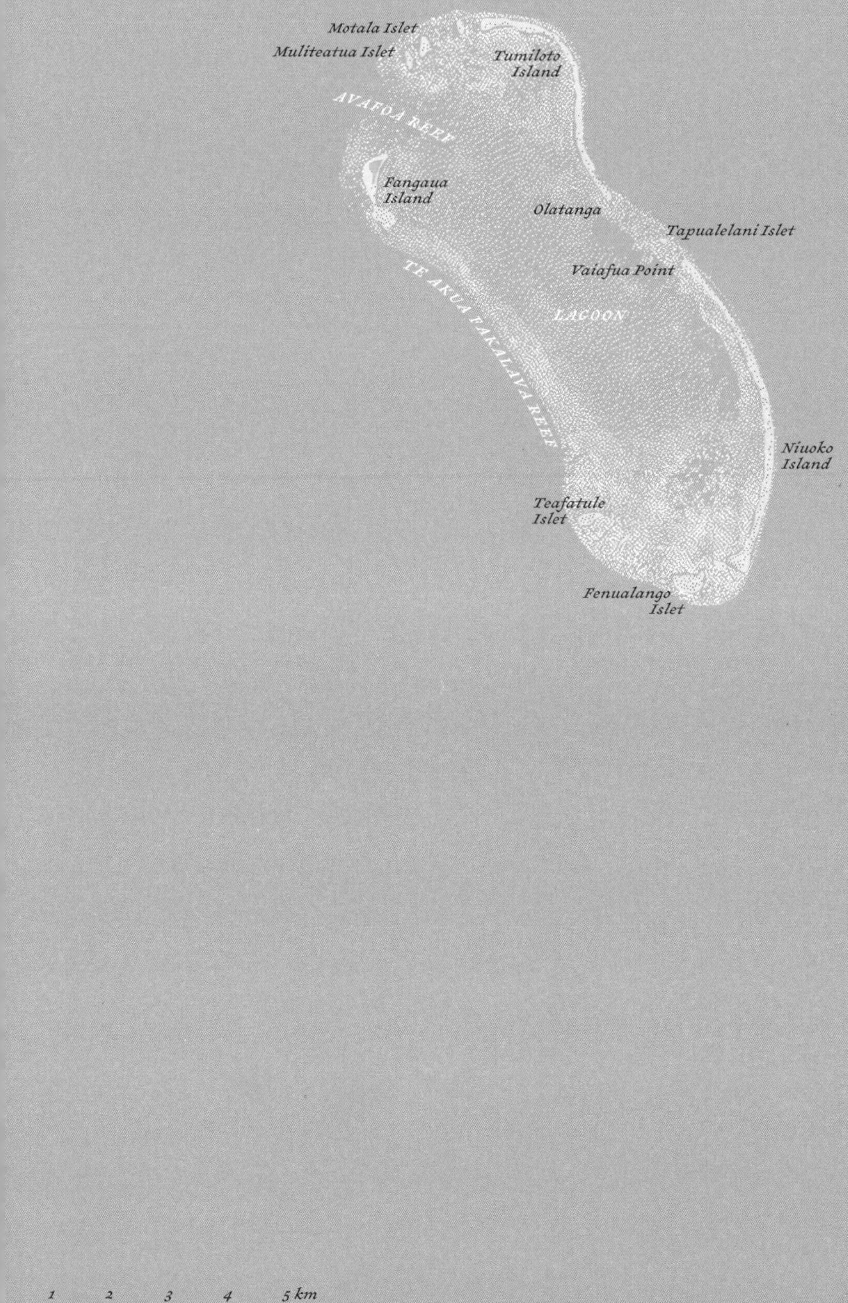

Motala Islet
Muliteatua Islet
Tumiloto Island
AVAFOA REEF
Fangaua Island
Olatanga
Tapualelani Islet
Vaiafua Point
TE AKUA FAKALAVA REEF
LAGOON
Niuoko Island
Teafatule Islet
Fenualango Islet
1
2
3
4
5 km

28° 13' N
177° 22' W

미드웨이환초 *하와이군도* (미국)

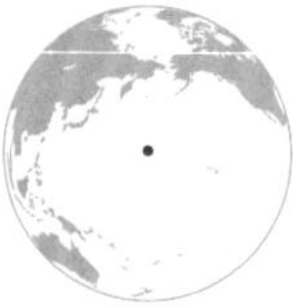

영어 *Midway Atoll* | 하와이어 *Pihemanu Kauihelani* [›시끄럽게 지저귀는 새소리‹]
6.2km² | 주민 40명

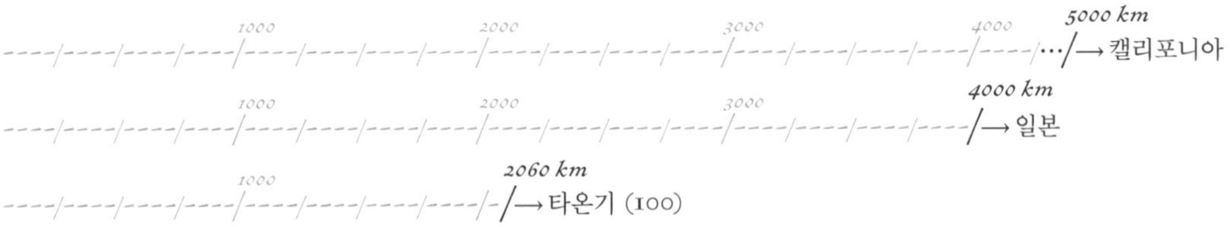

고도로 발전한 두 산업국가의 딱 중간인 이곳에, 태양처럼 노란 꽃을 피우는 가시투성이 풀덤불과, 번식 중인 알바트로스 수백만 마리가 사는 모래톱이 있다. 이 섬은 북태평양 해양폐기물 지대의 가장자리에 있다. 해양폐기물 지대는 기존의 측정과 분류에서 벗어난 존재로 육지도 여울도 아니며, 소용돌이나 팽이도, 융단도 곤죽도 아니다. 그러나 제국인 건 의심할 여지가 없다. 어떤 국가도 그 걷잡을 수 없는 확장을 인정하지 않으므로. // 오랫동안 이 제국의 수많은 사절단은 바람이 부는 미드웨이 해변에서 복잡한 합창과 함께 형형색색의 퍼레이드를 펼쳐왔다. 그들의 인위적인 목소리가 쉴 새 없이 시끄럽게 깍깍거리는 바닷새 소리를 뚫고 들려온다. *우린 좋아, 아주 좋아. 우린 부유물이야! 우린 전진하고 있어. 여기저기 떠돌아다니고 있어. 모든 경계를 하나로 합치고 붙이고 함께 이어 연결하고 극복하고 있어. 썩기 전까지! 조수가 우리를 다시 밝은 곳으로 떠밀어낼 때까지 몰래 숨어들어가 무성하게 자라나 꽉 막아버릴 거야. 적응력과 유연성, 다형성과 국제성을 지닌 우리, 그게 원래 우리 모습이야. 오징어 핑크색, 크릴 주황색, 유쾌한 노란색, 투명함. 시크하고 매력적이며 쉽게 씻어낼 수 있는 것, 그게 바로 우리야. 번영, 파멸, 자본주의의 오랜 토대, 석유화학의 승리, 깨끗하고 고도로 농축된 에너지! 매우 실용적이야. 다시 말하자면, 기계에 윤활유를 뿌리고 지구의 기온을 높이고 엔진과 인간의 배에 기름칠을 하는 우리, 그런 우린 멋져 보여. 우린 오래된 고대의 존재야. 수억 년간 태양을 압축해, 열심히 홍보되고, 잠시 인기를 끌다 버려졌지만, 아직 여기 있어! // 우리는 방사선과 조류에 아주 서서히 부서지고 가라앉고 분해되어 한없이 천천히 화석화되고 떠내려가지. 그럼 바다는 우리를 품어 안지. 플랑크톤을 플라스틱으로! 플라스틱을 미세플라스틱으로! 미세플라스틱을 플랑크톤으로! 재활용, 하지만 옳소! 광합성은 물러나라! 대순환, 완전한 대변신! 풍부한 에너지원이었던 것이 영양소 없는 물질로. 마법과도 같아! 마법 같은 물질! 산호든 자라 등딱지든 상아든 뼈다귀든 상관없어. 우린 모든 걸 복제하고 다시 만들어. 우릴 먹여 살리는 검은 태양이 계속 있는 한.*

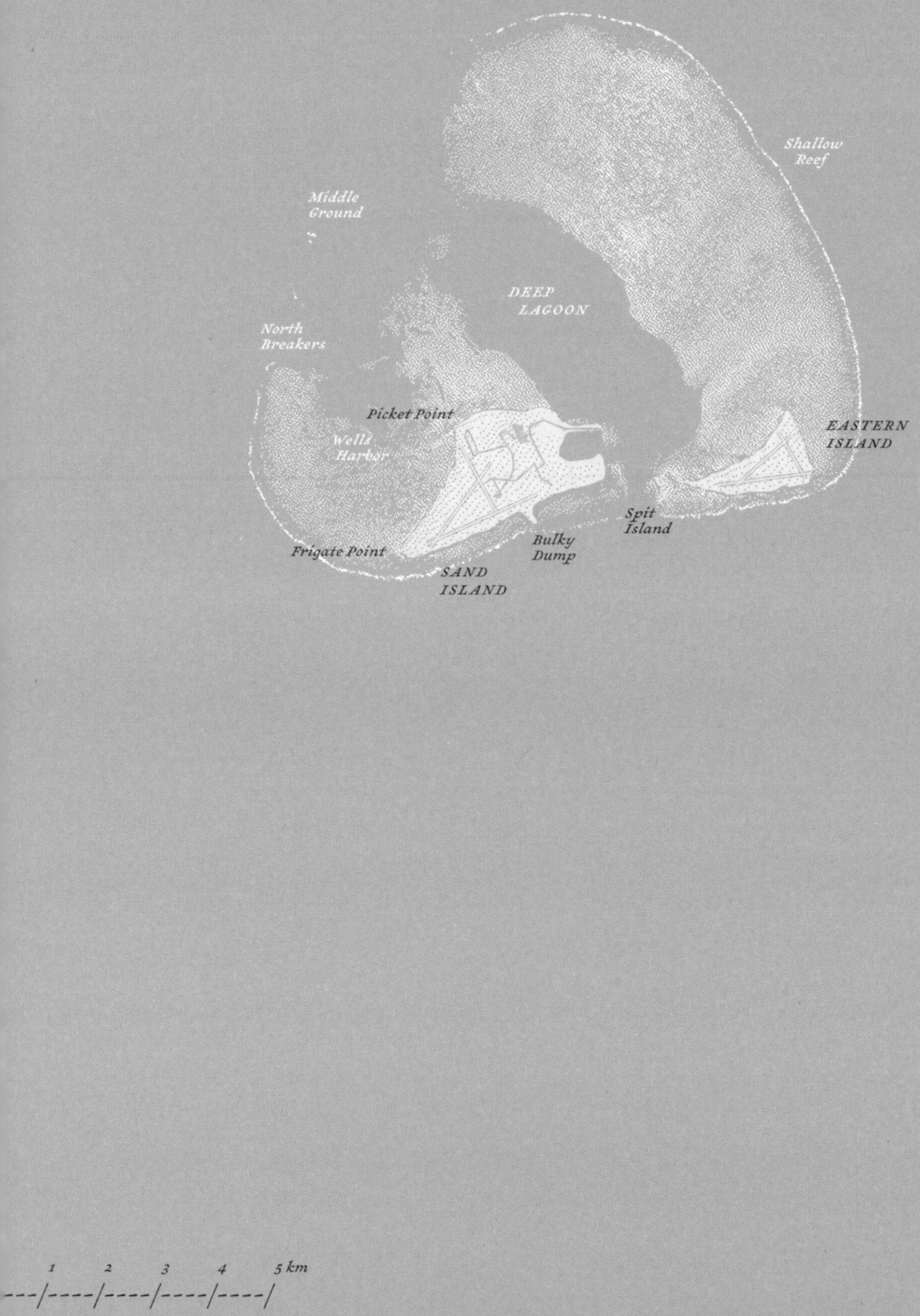

Shallow
Reef
Middle
Ground
DEEP
LAGOON
North
Breakers
Picket Point
Wells
Harbor
EASTERN
ISLAND
Spit
Island
Bulky
Dump
Frigate Point
SAND
ISLAND
1
2
3
4
5 km

남극해

ANTARCTIC OCEAN

프랭클린섬

60° 44′ S
44° 31′ W

로리섬 *사우스오크니제도 (남극)*

영어 *Laurie Island* | 스페인어 *Lauría*
86km² | 거주자 14~45명

810 km → 사우스조지아

1280 km → 포클랜드제도

250 km → 디셉션섬 (148)

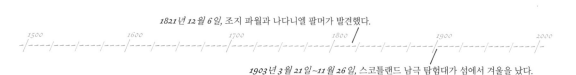

1821년 12월 6일, 조지 파월과 나다니엘 팔머가 발견했다.

1500 — 1600 — 1700 — 1800 — 1900 — 2000

1903년 3월 21일~11월 26일, 스코틀랜드 남극 탐험대가 섬에서 겨울을 났다.

앨런 조지 램지(Allan George Ramsay)는 죽어가고 있다. 스코틀랜드의 트룬에서 출발해 카보베르데제도로 항해하는 중에 그는 이따금 바늘로 콕콕 찌르는 듯한 가슴 통증을 느끼기 시작한다. 몇 주간 탐험대가 포클랜드제도에 머물고 있을 땐, 전보다 더 심한 통증을 더 자주 느낀다. 급기야 스코샤(Scotia)호의 수석 기계공인 그는 자신이 심각한 병을 앓고 있다는 사실을 더는 숨길 수 없는 상태에 이른다. 그러나 램지는 누구에게도 이 사실을 알리지 않기로 결심한다. 이 상황에서 그가 뭘 할 수 있겠는가? 배 안에 자신을 대체할 만한 사람이 없다는 걸 잘 알고 있으면서, 어떻게 탐험대장에게 자신의 상태를 알리고 적당한 기회에 고향인 스코틀랜드로 보내달라고 할 수 있겠는가? 선택의 여지가 없다. 그리고 그는 자신의 눈으로 남극의 뾰족한 얼음산과 하얀 빙벽이 보고 싶다. // 더 이상 남쪽으로 나아갈 수 없어 로리섬에서 겨울을 나기로 결정한 2월, 그는 마침내 그 하얀 빙벽을 본다. 섬에 도착하고 며칠 후에 탐험대가 안전한 만을 찾는다. 램지는 더 이상 활동할 수 없을 정도로 상태가 좋지 않다. 탐험대원들이 스코샤호에 눈을 막기 위한 덮개를 씌우고, 오두막집 두 채를 짓고, 펭귄의 세상인 이 섬의 기상 측정 수치를 기록하고, 지자기 관측을 실시하는 동안 그는 대부분의 시간을 배 안에서 보낸다. 담요로 몸을 싼 채 선실 난롯가에 앉아서 말이다. 1903년 8월 6일, 램지는 심장마비로 세상을 떠난다. 그가 죽고 이틀 후에 탐험대원들은 그의 이름을 붙인 산이 그림자를 드리우는, 스코샤만(Scotia Bay) 북쪽 바위투성이 해변에 그의 시체를 묻는다. 그 앞에 선 스코틀랜드 남극 탐험대 전 대원과 아델리펭귄 몇 마리가 경례를 한다. 그리고 그의 조수 커가 킬트를 입고 백파이프 연주에 맞춰 슬픈 스코틀랜드 노래를 부르며 애도한다. *"나는 양젖을 짜는 소녀들의 노랫소리를 들었네 / 동이 트기 전에 소녀들이 부르는 노랫소리를 / 그러나 이제 소녀들은 시드는 풀들을 보며 슬퍼하고 있네 / '아, 숲속 꽃들이 모두 시들어버렸구나' / 늘 앞장서 싸웠던 숲속 꽃들이 / 우리 땅의 자랑이 땅속 깊이 차갑게 누워 있구나."*

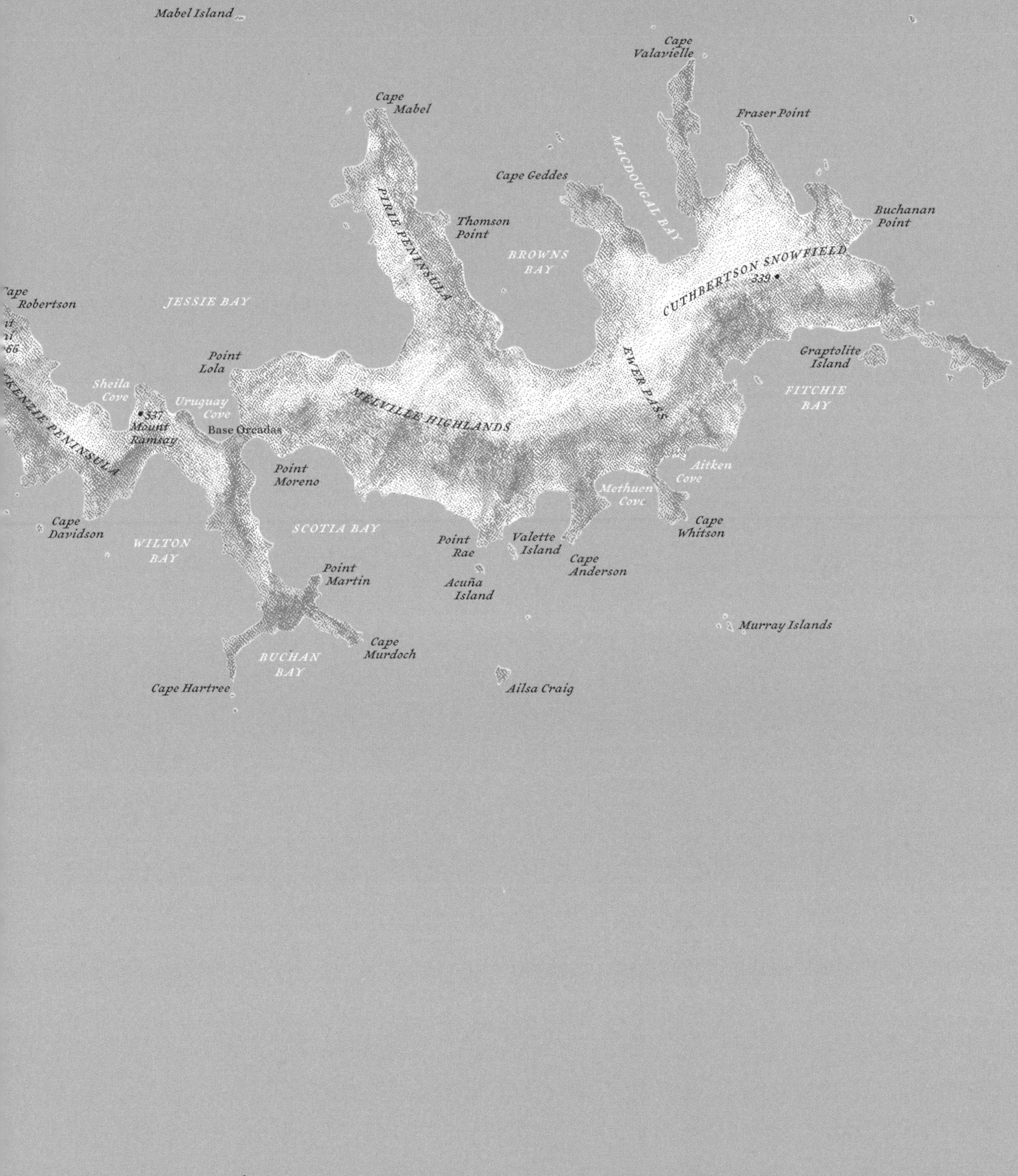
Mabel Island
Cape Valavielle
Cape Mabel
Fraser Point
MACDOUGAL BAY
Cape Geddes
PIRIE PENINSULA
Thomson Point
BROWNS BAY
Buchanan Point
CUTHBERTSON SNOWFIELD
339
Robertson
JESSIE BAY
Point Lola
Graptolite Island
EWER PASS
FITCHIE BAY
Sheila Cove
Uruguay Cove
537
Mount Ramsay
Base Orcadas
MELVILLE HIGHLANDS
KENZIE PENINSULA
Point Moreno
Aitken Cove
Methuen Cove
Cape Davidson
SCOTIA BAY
Cape Whitson
WILTON BAY
Point Rae
Valette Island
Cape Anderson
Point Martin
Acuña Island
Murray Islands
Cape Murdoch
BUCHAN BAY
Cape Hartree
Ailsa Craig
1
2
3
4
5 km

62° 57′ S
60° 38′ W

디셉션섬 사우스셰틀랜드제도 (남극)

영어 *Deception Island* [›미혹의 섬‹] | 스페인어 *Isla Decepción*

98.5km² | 무인도

20 km → 리빙스턴섬

100 km → 남극반도

1000 *1490 km* → 페테르1세섬 (152)

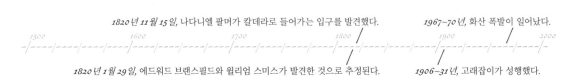

1820년 11월 15일, 나다니엘 팔머가 칼데라로 들어가는 입구를 발견했다.

1967~70년, 화산 폭발이 일어났다.

1500 1600 1700 1800 1900 2000

1820년 1월 29일, 에드워드 브랜스필드와 윌리엄 스미스가 발견한 것으로 추정된다.

1906~31년, 고래잡이가 성행했다.

칼데라로 들어가는 입구는 자칫하면 모르고 지나치기 쉽다. 폭이 200미터밖에 안 되기 때문이다. 지옥의 문이자 용의 아가리에 비유되는 이곳 '넵튠의 풀무'에는 폭풍우가 끊임없이 몰아친다. 그러나 잠자고 있는 화산 안에는 세상에서 가장 안전한 항구 중 하나인 '고래잡이들의 만'이 숨어 있다. 주민들은 이곳을 '새로운 산네피오르(Sandefjord, 노르웨이의 고래잡이로 유명했던 도시)'라고 부른다. 이곳에는 세계에서 가장 남쪽에 있는 고래기름 가공 공장이 있고, 이 공장은 돛대가 셋 달린 배 2척, 소형 증기포경선 8척, 대형 증기포경선 2척으로 이루어진 자체 선단을 가지고 있다. 칠레에서 온 난방기사 몇 명을 제외하면 이 섬에는 200명의 노르웨이 남자와 마리 베스티 라스무센(Marie Besty Rasmussen)이라는 여자가 살고 있다. 라스무센은 남극에 온 최초의 여성으로, 아돌프 아만두스 안드레센(Adolf Amandus Andresen) 선장의 부인이다. 그녀의 남편인 안드레센 선장은 2년 전부터 이곳에서 고래잡이를 해온 세 회사 중 하나의 사장이기도 하다. // 고래잡이 철은 11월 말에서 다음 해 2월 말까지다. 그들은 북극에서 이미 검증된 바 있는 새로운 방식으로 고래를 잡는다. 뱃머리 갑판에 설치된 대포에서 폭약으로 작살을 발사하여 고래의 등에 깊이 박아 넣는 것이다. 고래잡이라면 누구나 멀리서도 고래를 쉽게 알아볼 수 있다. 가령, 등에 혹이 있는 혹등고래는 등 위의 숨구멍으로 낮은 물기둥을 뿜어낸다. 큰고래의 특징은 물을 높이 뿜어내는 것이다. 가장 귀한 고래인 대왕고래는 등지느러미, 높이 뿜어내는 물기둥으로 알아볼 수 있다. 각 포경선은 고래를 최대 여섯 마리까지 잡아 해질 무렵에 만으로 끌고 온다. 어두컴컴한 해변에서 고래잡이들은 고래의 턱에서 수염을 잘라내고, 껍질을 벗기고, 살과 지방을 분리한다. 하얀 지방덩어리는 큰 솥에 넣고 끓여 고래기름을 얻는다. 그 땔감은 석탄이 아닌, 만 바깥의 베일리갑(Baily Head)에서 잡은 펭귄의 사체다. // 어부들은 고래기름을 제외한 나머지는 썩게 내버려둔다. 그 때문에 해변의 시커먼 모래와 하얀 고래 뼈대가 대조를 이루고, 바닷물은 피로 물들어 뻘겋고, 공기 중에는 고래 살 썩는 냄새가 진동한다. 이렇게 무참히 유린당한 수천 개의 시체가 북적이는 분화구 만에서 썩어가고 있다.

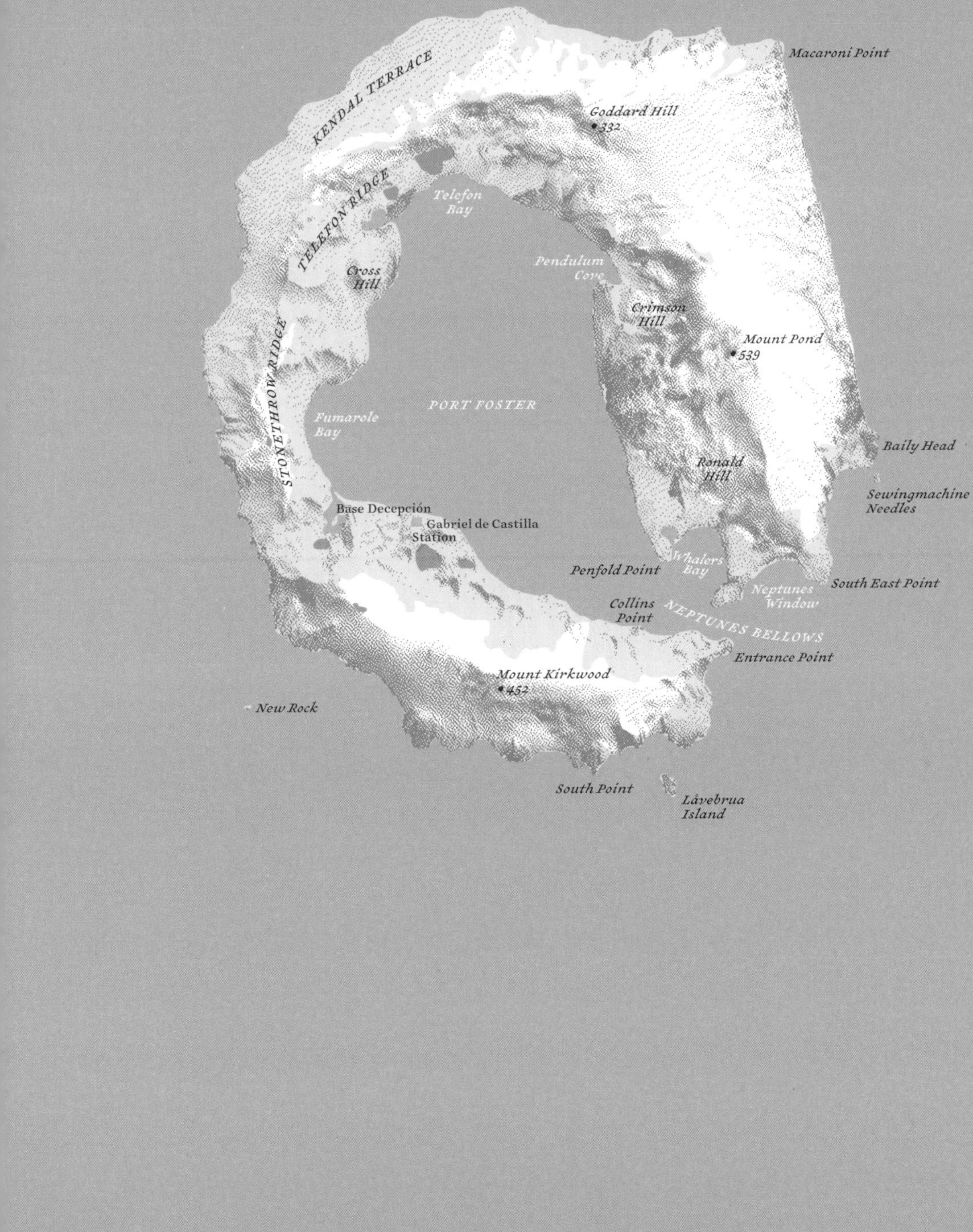

Macaroni Point
KENDAL TERRACE
Goddard Hill
332
TELEFON RIDGE
Telefon Bay
Pendulum Cove
Cross Hill
Crimson Hill
Mount Pond
539
STONETHROW RIDGE
PORT FOSTER
Fumarole Bay
Baily Head
Ronald Hill
Sewingmachine Needles
Base Decepción
Gabriel de Castilla Station
Penfold Point
Whalers Bay
South East Point
Neptunes Window
Collins Point
NEPTUNES BELLOWS
Entrance Point
Mount Kirkwood
452
New Rock
South Point
Låvebrua Island
1
2
3
4
5 km

150 남극해 | 로스해

76° 5' S
168° 19' E

프랭클린섬 (남극)

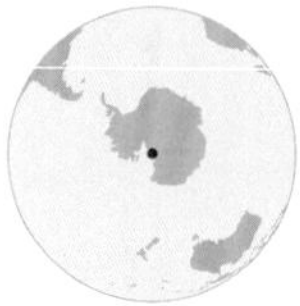

영어 *Franklin Island*

33km² | 무인도

70 km
→ 빅토리아랜드

150 km
→ 로스섬

2410 km
→ 매쿼리섬 (94)

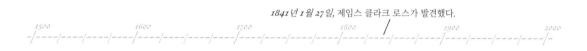

1841년 1월 27일, 제임스 클라크 로스가 발견했다.

영국 군함 테러(Terror)호와 에러버스(Erebus)호는 얼음 사이에서 그 힘을 입증했다. 신발 상자처럼 생긴 이 군함들은 둔해 보인다. 하지만 이 배들의 선체는 강인하고, 장갑이 둘러진 중앙부에는 무게 15톤의 증기 기관이 설치되어 있다. 이 배들은 얼음과 맞서 싸울 수 있도록 개장된 군함이다. 안개가 걷힌 어느 날 아침, 이 배들은 한 섬으로 이어진, 빙하로 뒤덮인 하얀 만 깊숙이 들어와 있다. 제임스 클라크 로스(James Clark Ross) 대령은 장교 몇 명을 데리고 에러버스호에서 보트를 내려 노를 저어 섬으로 접근한다. 프랜시스 크로지어(Francis Crozier) 중령이 테러호에서 다른 팀을 이끌고 뒤따른다. 파도가 높고 사나운 탓에 로스 대령은 보트에서 내려 해안가 바위 위로 위태롭게 뛰어오른다. 다른 사람들은 밧줄을 잡고 그 뒤를 따른다. 살을 에는 듯 추운 날씨 때문에 바위는 얇은 얼음으로 덮여 있다. // 이 섬은 그저 화산암덩어리에 지나지 않는다. 북쪽의 시커먼 절벽에는 몇 피트 너비의 흠잡을 데 없는 흰 줄이 지나가고 있다. 이 섬 어디에서도 식물의 흔적은 찾아볼 수 없다. 그런데도 로스 대령은 이곳이 마음에 드는지 영국 해군 제독 존 프랭클린 경(Sir John Franklin)을 기리는 의미에서 이 섬에 '프랭클린'이라는 이름을 붙인다. 프랭클린 경은 트라팔가르 해전의 영웅이자 반디멘스랜드(Van Diemens Land, 태즈메이니아섬의 옛 이름) 총독으로, 여전히 북서항로의 개척을 꿈꾸는 극지 탐험가이다. // 4년 후, 프랭클린 경은 얼음 사이를 가로지르는 지름길을 찾아 나선다. 동양으로 가는 전설 속의 항로다. 이 탐험에 나설 수 있는 배는 단 두 척밖에 없다. 바로 테러호와 에러버스호이다. 테러호는 영원한 2인자인 1등 항해사 프랜시스 크로지어가 지휘한다. 그러나 킹윌리엄섬 북쪽 해안 부근에서 테러호는 얼음에 갇히고 만다. 소식은 그대로 끊어지고, 역사상 최대 규모의 수색 작업이 시작된다. // 제임스 클라크 로스도 여러 척의 배와 썰매 끄는 개들을 이끌고 테러호를 찾아 나선다. 그러나 그는 존 프랭클린 경은 물론 친구인 크로지어도, 과거 남극 해안을 항해할 때 이끌었던 두 척의 군함 테러호와 에러버스호도 찾지 못한다. 그들의 운명에 드리운 공포와 어둠은 아직 제대로 밝혀지지 않았다. 화산암 섬 하나가 프랭클린 경을 기리고 있지만, 그의 무덤은 지구 반대편 북극의 빙하 아래 있다.

290
310
Bernacchi
Head
1
2
3
4
5 km

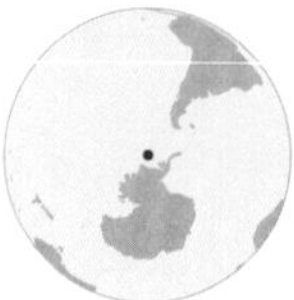

68° 53' S
90° 34' W

페테르1세섬 (남극)

노르웨이어 *Peter I Øy* | 러시아어 *Ostrow Petra I*
156km² | 무인도

420 km → 남극

1850 km → 혼곶

3040 km → 프랭클린섬 (150)

1821년 1월 21일, 파비안 폰 벨링스하우젠이 발견했다.

1500 — 1600 — 1700 — 1800 — 1900 — 2000

1929년 2월 2일, 올라 올스타드가 섬에 상륙했다.

노르웨이 산네피오르의 선주이자 영사인 라르스 크리스텐센(Lars Christensen)은 탐험을 나서기 위해 포경선 SS Odd I호에 필요한 장비를 갖춘다. 1927년 1월 12일, 석탄을 가득 실은 이 SS Odd I호는 디셉션섬을 떠나 항해를 시작한 지 닷새 만에 외딴섬인 페테르1세섬에 도착한다. 이 섬은 100년도 더 전에 발견되었지만 아직 아무도 발을 들여놓은 적 없는, 거의 1년 내내 거대한 얼음 덩어리로 뒤덮여 있는 곳이다. 탐험대는 보트를 타고 섬 주변을 둘러본다. 섬에서 가장 높은 봉우리는 서쪽 해안에 있는 화산이다. 이 화산이 잠시 쉬고 있는 것인지 영원히 잠든 것인지 아는 사람은 아무도 없다. 해안은 황량하고 가파르다. 얼음 절벽이 거의 수직으로 거친 바다를 향해 서 있다. 오후가 되자, 선장은 보트를 타고 섬으로 들어가려 하나 실패하고 만다. 이 섬에는 정박지는커녕 대피할 수 있는 만 하나도 없다. 눈에 띄는 것이라곤 검은 바위와 빙하가 바다 쪽으로 뾰족하게 뻗어 나온 좁은 해변들뿐이다. 도저히 접근할 수가 없다. 그래서 그들은 뭐라도 가져가기 위해, 이 섬을 탐험한 증거로 삼을 암석 조각을 주워 모은다. // 암석분류학자 올라프 안톤 브로흐(Olaf Anton Broch)가 이 암석들을 자세히 조사한 후 다음과 같이 적는다. *"이번에 의뢰받은 암석 표본은 모두 175개로, 대부분 해변에서 가져온 자갈이다. 이 암석들은 개암나무 열매 크기부터 주먹 두 개만 한 크기에 이르기까지 다양하다. 그중 몇 개는 다른 암석들에 비해 밀도가 낮아서 클링커(Clinker, 무기 성분의 물질이 타서 굳은 덩어리)와 비슷한 밀도를 보인다. 이 암석들은 서쪽 해안 지역의 잉그리드곶(Kapp Ingrid) 근처에서 수집된 것이다. 모든 암석은 몇 개의 표본으로 대표되는데, 이 표본들은 암석분류학적으로 서로 어느 정도 연관되어 있다. 조사한 암석 표본은 모두 화산에서 분출된 물질로 이루어져 있다. 육안으로 보면 암석의 종류가 매우 다양해 보이지만, 엄밀히 조사하면 범주는 좁아진다. 22개의 암석 박편을 조사한 결과, 이 암석 표본들은 현무암, 안산암 그리고 이른바 조면안산암(trachyandesite)으로만 구성되어 있다. 이 암석 표본들 중에는 현무암으로 이루어진 자갈이 특히 많다. 페테르1세섬을 대표하는 특징은 현무암이다."* 아무도 발을 들여놓은 사람이 없는 이 섬에 대해 더는 할 말이 없다.

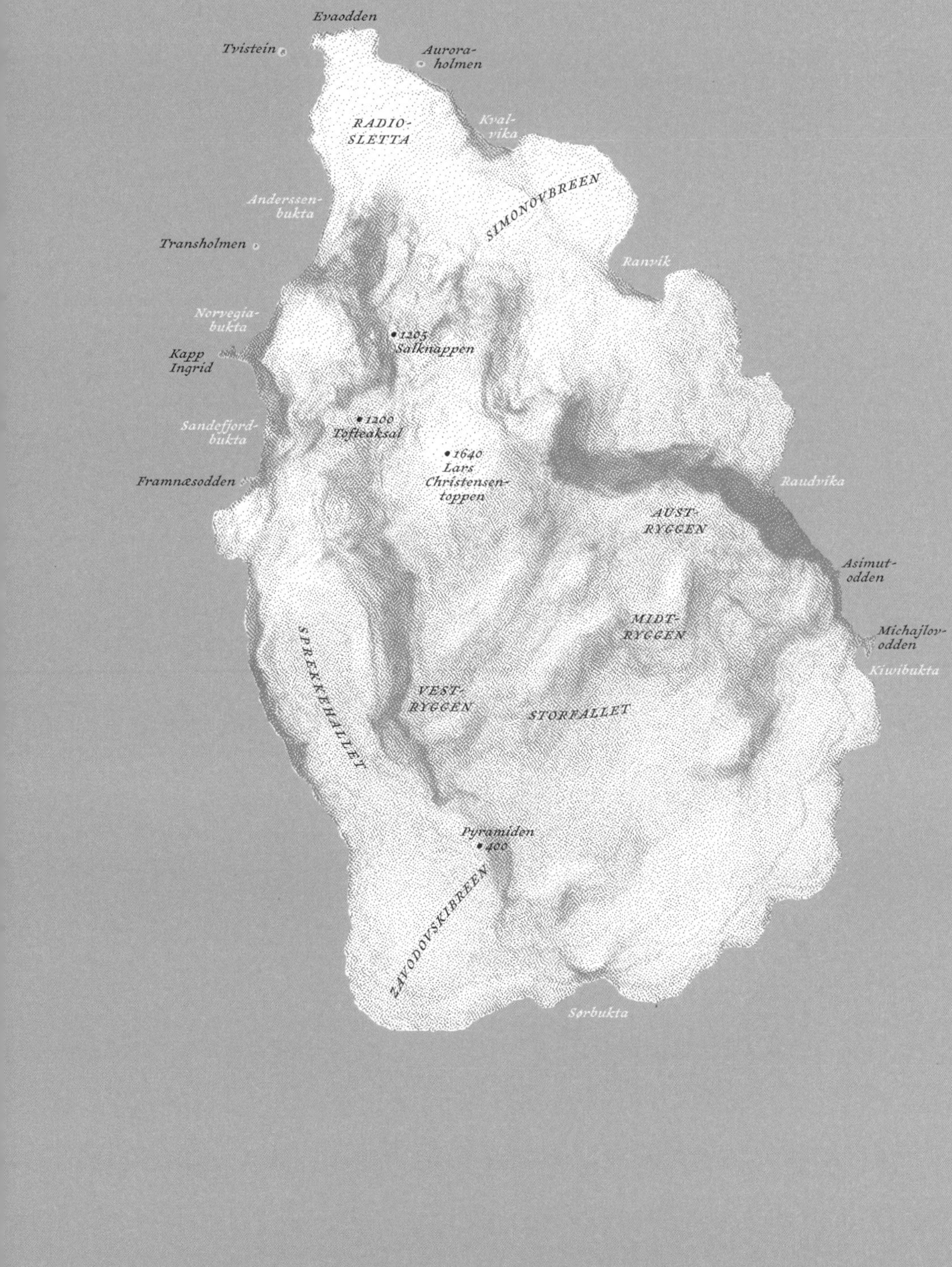
Evaodden
Tvistein
Aurora-
holmen
RADIO-
SLETTA
Kval-
vika
SIMONOVBREEN
Anderssen-
bukta
Transholmen
Ranvik
Norvegia-
bukta
1205
Salknappen
Kapp
Ingrid
1200
Tofteaksal
Sandefjord-
bukta
1640
Lars
Christensen-
toppen
Framnæsodden
Raudvika
AUST-
RYGGEN
Asimut-
odden
MIDT-
RYGGEN
Michajlov-
odden
Kiwibukta
SPREKKEHALLET
VEST-
RYGGEN
STORFALLET
Pyramiden
400
ZAVODOVSKIBREEN
Sørbukta
1
2
3
4
5 km

용어

GLOSSARY

A

arête (프랑스어) 즐형산릉

B

bahía (스페인어) 만
baía (포르투갈어) 만
baie (프랑스어) 만
basin (영어) 분지
bay (영어) 만
beach (영어) 해변
bight (영어) 만
bluff (영어) 절벽
bre (노르웨이어) 빙하
buchta (러시아어) 만
bukt (노르웨이어) 만

C

cabo (포르투갈어, 스페인어) 곶
cachoeira (포르투갈어) 폭포
cap (프랑스어) 곶
cape (영어) 곶
cerro (스페인어) 봉우리
costa (스페인어) 해변
cova (포르투갈어) 작은 만
cove (영어) 작은 만
cratère (프랑스어) 분화구
creek (영어) 개울

E

elv (노르웨이어) 강
ensenada (스페인어) 만
enseada (포르투갈어) 만

F

falaise (프랑스어) 절벽
fjell (노르웨이어) 산, 산맥

G

gora (러시아어) 산, 산맥
glen (게일어) 계곡
gulch (영어) 협곡

H

hall (노르웨이어) 비탈
hamna (노르웨이어) 항구
hana (일본어) 갑
harbour (영어) 항구
head (영어) 갑
hill (영어) 언덕
holme (노르웨이어) 섬, 작은 섬

I

île (프랑스어) 섬
ilha (포르투갈어) 섬
ilhéu (포르투갈어) 섬, 작은 섬
isla (스페인어) 섬
island (영어) 섬
isle (영어) 섬
islet (영어) 섬, 작은 섬
islote (스페인어) 섬, 작은 섬

J

jima (일본어) 섬

K

kapp (노르웨이어) 곶
kyst (노르웨이어) 해변

L

lac (프랑스어) 호수
lago (포르투갈어, 스페인어) 호수
lagon (프랑스어) 석호, 초호
lagoon (영어) 석호, 초호
laguna (러시아어) 석호, 초호
lake (영어) 호수
ledník (러시아어) 빙하

M

massif (프랑스어) 산괴
mont (프랑스어) 산
monts (프랑스어) 산맥
morro (스페인어) 암벽 꼭대기
motu (폴리네시아어) 암초 섬
mount, mountain (영어) 산
mullach (게일어) 봉우리
mys (러시아어) 곶

O

odde (노르웨이어) 갑
osero (러시아어) 호수
ostrow (러시아어) 섬
øy (노르웨이어) 섬

P

pass, passage (영어) 길
passe (프랑스어) 길
peak (영어) 봉우리
peninsula (영어) 반도
pic (프랑스어) 봉우리
pico (포르투갈어, 스페인어) 봉우리
pik (러시아어) 봉우리
plain (영어) 평원
platå (노르웨이어) 고원
plateau (영어, 프랑스어) 고원
playa (스페인어) 해안
point (영어) 갑
pointe (프랑스어) 갑
poluostrow (러시아어) 반도
ponta (포르투갈어) 갑
port (영어, 프랑스어) 항구
porto (포르투갈어) 항구
proliw (러시아어) 해협
puerto (스페인어) 항구
punta (스페인어) 갑

R

range (영어) 산맥
ravine (프랑스어) 협곡
reef (영어) 암초
récif (프랑스어) 암초
ridge (영어) 산등성이
río (스페인어) 강
river (영어) 강
rivière (프랑스어) 강
roca (스페인어) 암벽
roche (프랑스어) 암벽
rock (영어) 암벽

S

saliw (러시아어) 만
slette (노르웨이어) 평원
stac (게일어) 바위섬
strait (영어) 해협

T

topp (노르웨이어) 봉우리

V

vallée (프랑스어) 계곡
valley (영어) 계곡
vatn (노르웨이어) 호수
versant (프랑스어) 비탈
vik (노르웨이어) 만
volcán (스페인어) 화산

W

wodopad (러시아어) 폭포
wan (일본어) 만
wulkan (러시아어) 화산

Y

yama (일본어) 산

색인

INDEX

지은이 **유디트 샬란스키**(Judith Schalansky)

독일의 작가이자 북디자이너. 1980년 구 동독 그라이프스발트에서 태어나 베를린자유대학에서 미술사를 공부했다. 2006년에 발간한 독일 흑자체 모음집 《내 사랑 프락투르(Fraktur mon Amour)》으로 다수의 디자인상을 수상했다. 소설 《너에게 파란 제복은 어울리지 않는다(Blau steht dir nicht)》(2008)로 독일 문단에 데뷔한 이후, 《머나먼 섬들의 지도(Atlas der abgelegenen Inseln)》(2009), 《기린은 왜 목이 길까?(Der Hals der Giraffe)》(2011), 《잃어버린 것들의 목록(Verzeichnis einiger Verluste)》(2018)을 발표했다. 그간 발표한 작품들은 20개 이상의 국가에서 번역, 출간되었다. 《머나먼 섬들의 지도》는 부흐쿤스트재단이 꼽은 2009년 '가장 아름다운 독일 책(Die Schönesten Deutschen Bücher)'에 선정되고 2011년 레드닷디자인어워드에 선정되었으며, 《기린은 왜 목이 길까?》는 2011년 독일 문학상 후보에 오른 데 이어 2012년에 또다시 '가장 아름다운 독일 책'에 선정되었다. 그 외 2013년에 레싱상, 2014년에 문학관상, 마인츠시 작가상, 2015년에 드로스테상 등 다수의 상을 받았다. 현재 베를린에 거주하며 프리랜서 작가, 편집자, 디자이너로 활동하고 있다.

옮긴이 **권상희**

독일 빌레펠트대학에서 언어학, 독문학, 역사학을 전공하고 석·박사학위를 받았다. 노르트라인-베스트팔렌 주정부의 리제-마이트너 포닥 과정에 선정되어 빌레펠트대학에서 연구와 강의를 했다. 현재 홍익대학교 초빙교수로 재직 중이다. 독일 루터출판사에서 출간한 에세이집 《Warum wir hier sind(왜 우리는 이곳에 있는가)》(2007, 독일국립도서관 소장 도서)에 'Zwischen zwei Kulturen(두 문화 사이에서)'라는 제목의 기고문 한 편을 게재한 바 있다. 번역서로는 《타인의 삶》(2011), 《과거의 죄: 국가의 죄와 과거 청산에 관한 8개의 이야기》(2015), 《박테리아: 위대한 생명의 조력자》(2016), 《기린은 왜 목이 길까?》(2017), 《후성유전학: 경험과 습관이 바꾸는 유전자의 미래》(2017) 등이 있다.

머나먼 섬들의 지도

간 적 없고, 앞으로도 가지 않을 55개의 섬들

초판 1쇄 발행일 2018년 7월 6일
개정판 1쇄 발행일 2022년 7월 11일

지 은 이 | 유디트 샬란스키
일 러 스 트 | 유디트 샬란스키
옮 긴 이 | 권상희

펴 낸 이 | 김효형
펴 낸 곳 | (주)눌와
등 록 번 호 | 1999. 7. 26. 제10-1795호
주 소 | 서울시 마포구 월드컵북로16길 51, 2층
전 화 | 02. 3143. 4633
팩 스 | 02. 3143. 4631
페 이 스 북 | www.facebook.com/nulwabook
블 로 그 | blog.naver.com/nulwa
전 자 우 편 | nulwa@naver.com

편 집 | 김선미, 김지수, 임준호
디 자 인 | 엄희란

책 임 편 집 | 김지수
표지디자인 | 엄희란

제 작 진 행 | 공간
인 쇄 | 현대문예
제 본 | 장항피앤비

ISBN 979-11-89074-51-7 (03980)

* 책값은 뒤표지에 표시되어 있습니다.
* 이 책의 옮긴이는 (독일) 로베르트 보쉬재단과 독일 번역가 기금의 TOLEDO 프로그램의 지원을 받아 베를린에서 번역 작업을 수행하였습니다.

Ostrov Rudolfa
Ensomheden
Ostrov Atlasova
Semisopochnoi
Midway Atoll
Iwojima
Pagan
Taongi
Pingelap
Takuu
Diego Garcia
Christmas Island
South Keeling Islands
Norfolk Island
Île Amsterdam
Île Saint-Paul
Campbell Island
Macquarie Island